好学易做快手菜

鸿雁\编著

红星电子音像出版社

图书在版编目（CIP）数据

好学易做快手菜/鸿雁编著.—南昌：红星电子音像出版社，2017.8

ISBN 978-7-83010-179-4

Ⅰ.①好… Ⅱ.①鸿… Ⅲ.①家常菜肴—菜谱 Ⅳ.①TS972.12

中国版本图书馆CIP数据核字（2017）第175883号

国际互联网（Internet）地址：

http://www.jxkjcbs.com

选题序号：ZH2017012

图书代码：W17088-101

好学易做快手菜

鸿　雁 编著

出版发行	红星电子音像出版社
社址	南昌市蓼洲街2号附1号
邮编	330009
电话	（0791）86623491　86639342
印刷	北京海德印务有限公司
经销	各地新华书店
开本	170mm×240mm　1/16
字数	180千字
印张	12
版次	2017年8月 第1版　2017年8月 第1次印刷
书号	ISBN 978-7-83010-179-4
定价	49.00元

前　言

　　随着生活节奏的日益加快，人们的生活也越发地忙碌，属于自己的时间越来越少，越来越多的人没有时间或懒得下厨房，想要吃上一顿营养健康美味的饭菜很不容易，因为通常做复杂点、有难度点的菜都需要花费较多的时间，而对于一个白天忙于上班、下班后忙于进厨房的工作族来说，也不可能有那么多的时间来做复杂的饭菜，所以快手菜这时候便成了不错的选择。所谓快手菜，顾名思义，一定是材料的采买和准备比较简单方便，整个的烹制过程也比较快，而且好学易做的菜肴。但重要的是味道一定要好吃，对于自家的饭菜，菜色可以稍微不讲究，好吃一定是王道！

　　讲究营养和健康是现今的饮食潮流，享受佳肴美食是城市人的减压方式。为了让大家在繁忙的生活、紧张的工作之余能暂且抛下俗务，走进家庭厨房的小天地，用简单常见的原料和调料、快捷的技法烹调出一道道健康好吃的美味菜肴，与家人、朋友一起分享烹调的乐趣，我们精心编写了这本《好学易做快手菜》。全书共分五大部分，包括省钱又省时的快手凉拌菜、只要几分钟就能做好的家常小炒、好吃易做的营养炖菜、应对忙碌生活的快手营养汤、马上就能端上饭桌的风味火锅。根据快手菜的特点，本书在菜品的选取上采用了原料取材容易、操作简便易行、营养搭配的原则，每道菜肴不仅配以精美的成品图片，对于一些重点的菜肴，还对制作过程配以多幅彩图并加以分步详解，制作要点一目了然，十分易于操作，可以使大家能够抓住重点，快速掌握，烹调出色香味形俱佳且营养健康的家常菜美食，达到一学就会的目的。同时，书中还涵盖多条健康烹饪常识，就如名师

贴身指导,可让你快速成"菜",也可以根据内容为家人合理搭配、健康配餐。

　　最常见的食材,最常用的调料,简单又快捷的做法,南国风味和北方特色兼顾,口味多样,形式多变,清爽凉菜、鲜香小炒、营养炖菜、多样鲜汤、风味火锅、快手料理与西餐、家常主食及点心在《好学易做快手菜》中应有尽有。一书在手,就算你没有多少烹调经验,也不需要耗费太多的时间,就能在家快速而轻松地做出一桌让全家人胃口大开的、营养健康又美味的饭菜,让你在掌握制作各种家庭健康美味菜肴的同时,还能够轻轻松松地享受烹饪带来的乐趣!

目录

第一章 省钱又省时的快手凉拌菜

第二章 只要几分钟就能做好的家常小炒

第三章 好吃易做的营养炖菜

第四章 应对忙碌生活的快手营养汤

第五章 马上就能端上饭桌的风味火锅

第一章

省钱又省时的
快手凉拌菜

酸辣黄瓜皮

材料 黄瓜250克

调料 姜10克，醋10克，香油10克，芥末油5克，盐3克，味精3克

做法

① 黄瓜洗净，切成段，然后沿着黄瓜皮往里削，尽量削薄，放开水中焯一下，捞起沥干水。

② 姜去皮洗净，切成姜丝。

③ 把黄瓜皮、姜丝与其余调味料一起装盘，拌匀即可。

养生功效 开胃消食

蒜泥黄瓜卷

材料 黄瓜500克，蒜20克

调料 干辣椒20克，香油10克，盐3克，味精3克

做法

① 黄瓜洗净，切成段，再把黄瓜皮削下来，尽量削薄，放开水中焯至断生，捞起沥干水，卷好摆盘。

② 蒜去皮，剁成蒜泥；干辣椒洗净，切碎。

③ 锅烧热下油，放干辣椒、蒜泥，爆香，盛出与其他调味料拌匀，淋在黄瓜卷上即可。

养生功效 降低血糖

冰镇黄瓜

材料 黄瓜400克，冰块800克

调料 盐3克，味精2克，酱油15克，芥末10克

做法

① 黄瓜洗净，斜切块；盐、味精、酱油、芥末调成味汁装碟备用。

② 将黄瓜四片合一起放在冰块上冰镇1个小时。

③ 将冰镇好的黄瓜蘸调好的味汁食用即可。

养生功效 提神健脑

大厨献招 在味汁里加点醋，味道会更好。

水晶黄瓜

材料 黄瓜100克

调料 盐3克，味精5克，醋8毫升

做法

① 黄瓜洗净，切成薄片。

② 盐、醋、味精加清水调匀，放入黄瓜腌渍3个小时，捞出，盛盘。

③ 将味汁淋在黄瓜上即可。

养生功效 增强免疫

大厨献招 加入沙拉酱拌匀，味道更佳。

杏仁拌苦瓜

材料 杏仁50克，苦瓜250克，枸杞5克

调料 香油10毫升，盐3克，鸡精5克

做法

① 苦瓜洗净，剖开，去掉瓜瓤，切成薄片，放入沸水中焯至断生，捞出，沥干水分，放入碗中。

② 杏仁用温水泡一下，撕去外皮，掰成两瓣，放入开水中烫熟；枸杞洗净、泡发。

③ 将香油、盐、鸡精与苦瓜搅拌均匀，撒上杏仁、枸杞即可。

芥味莴笋丝

材料 红椒5克，芥末粉15克，莴笋200克

调料 盐3克，醋、香油、生抽各8毫升

做法

① 将莴笋去叶、皮、洗净，切丝，放入开水中焯熟；红椒洗净，切丝。

② 将芥末粉加盐、醋、香油、生抽和温开水，搅匀成糊状，待飘出香味时，淋在莴笋上。

③ 撒上红椒即可。

养生功效 增强免疫

大厨献招 撒点熟白芝麻一起拌匀，味道会更佳。

银芽白菜

材料 粉丝100克，大白菜50克，青、红辣椒各30克

调料 盐3克，味精2克，醋5克，香油适量

做法

① 粉丝泡发，剪成小段；大白菜洗净，取梗部切成丝；青、红辣椒洗净，去蒂，去籽，切成丝。

② 将大白菜梗丝和青、红椒丝均下入沸水中焯烫至熟后，捞出装盘，再加入粉丝。

③ 所有调料一起搅匀后，浇盘中再拌匀即可。

养生功效 排毒瘦身

白菜丝拌豆腐丝

材料 白菜100克，紫包菜50克，豆腐100克

调料 盐2克，味精1克，醋8克，生抽10克，香菜少许

做法

① 白菜、紫包菜洗净，切丝；豆腐洗净，切丝；香菜洗净。

② 锅内注水烧沸，放入白菜、紫包菜、豆腐丝焯熟后，捞起晾干并放入盘中。

③ 加入盐、味精、醋、生抽拌匀，撒上香菜即可。

养生功效 养心润肺

千层包菜

材料 包菜500克，甜椒30克

调料 盐3克，味精2克，酱油、芝麻油各适量

做法

① 包菜、甜椒洗净，切块，放入开水中稍烫，捞出，沥干水分备用。

② 用盐、味精、酱油、芝麻油调成味汁，将每一片包菜泡在味汁中，取出。

③ 将包菜一层一层叠好放盘中，甜椒放在包菜上，最后撒上熟芝麻即可。

养生功效 降低血压

炝椒辣白菜

材料 红辣椒200克，白菜梗150克

调料 盐3克，味精2克，生抽8克，香油适量

做法

① 白菜梗洗净，切条；红辣椒洗净备用。

② 将备好的原材料放入开水稍烫，捞出，沥干水分，放入容器中。

③ 盐、味精、生抽放在红辣椒和白菜梗上，香油烧开，与菜料搅拌均匀，装盘即可。

养生功效 开胃消食

凉拌包菜

材料 包菜700克，红椒50克，青椒25克

调料 盐4克，味精2克，酱油8克，醋5克，香油适量，姜末15克

做法

① 包菜整个洗净，切成4份；青椒洗净，切末；红椒洗净，一部分切末，一部切丝备用。

② 将备好的原材料放入开水中稍烫，捞出，沥干水，装盘。

③ 将姜末、盐、味精、酱油、醋、凉开水调成味汁，淋在包菜上，浇上香油即可。

手撕圆泡菜

材料 包菜250克

调料 盐、味精、冰糖粉、白醋、酱油各适量

做法

① 包菜洗净，一层层地剥开，放入开水中焯一下，捞起，晾干水分。

② 在罐中铺一层包菜，上面放一层冰糖粉，再放上一层包菜，最后用白醋将包菜浸没，盖紧盖子，放入冰箱，3天后拿出。

③ 盐、味精、酱油调匀，淋在包菜上即可。

养生功效 降低血压

清爽萝卜

材料 白萝卜400克，泡青椒2个，泡红椒50克
调料 盐、味精各3克，醋、香油各适量

做法

① 白萝卜去皮，洗净，切片。

② 将泡青椒、泡红椒、醋、香油、盐、味精加适量水调匀成味汁。

③ 将白萝卜放入味汁中浸泡1天，摆盘即可。

养生功效 养心润肺

大厨献招 在味汁里加点姜末，味道会更好。

水晶萝卜

材料 白萝卜150克
调料 盐5克，醋3克，味精4克，生抽适量

做法

① 白萝卜洗净，去皮，切成段。

② 盐、醋、味精加清水调匀，放入白萝卜腌渍3个小时，捞出，盛盘。

③ 将生抽淋在白萝卜上即可。

大厨献招 加点白糖腌渍，味道更佳。

适合人群 尤其适合老年人。

冰镇三蔬

材料 黄瓜、胡萝卜、西兰花各150克，冰块800克
调料 盐3克，味精2克，酱油10克

做法

① 黄瓜洗净，去皮，切薄长片；胡萝卜洗净，切薄长片；西兰花洗净备用。

② 西兰花放入开水中，稍烫，捞出，沥干水；盐、味精、酱油、凉开水调成味汁装碟。

③ 将备好的材料放入装有冰块的冰盘中冰镇，食用时蘸味汁即可。

鲜椒水萝卜

材料 水萝卜400克，青、红椒各20克
调料 盐、味精各3克，陈醋、辣椒油各适量
做法

① 水萝卜洗净，切花状，摆入盘中；青、红椒洗净，切圈；将盐、味精、陈醋、辣椒油调成味汁。

② 将青、红椒入开水锅稍烫后，捞出撒在水萝卜上。

③ 淋上味汁即可。

适合人群 尤其适合女性。

香菜拌心里美

材料 心里美萝卜600克，香菜、黄瓜各50克
调料 盐4克，鸡精2克，糖15克，醋20克，香油适量
做法

① 心里美萝卜洗净，去皮，切丝；香菜洗净，切段；黄瓜洗净，切薄片放盘沿作装饰。

② 将心里美萝卜加盐腌出水，挤掉水分，用清水冲洗几遍，加醋、糖、鸡精、香油搅拌均匀。

③ 再放入香菜搅拌均匀，装盘即可。

养生功效 排毒瘦身

薄切西红柿

材料 西红柿400克，生菜30克
调料 糖30克
做法

① 西红柿洗净；生菜洗净，放盘中备用。

② 将西红柿放入开水中稍烫一下，捞出，去皮，切片。

③ 将切好的西红柿放在生菜上，糖装入小碟供蘸食。

养生功效 补血养颜
大厨献招 烫西红柿时，加点油，营养更佳。
适合人群 尤其适合女性。

大丰收

材料 白萝卜、黄瓜、胡萝卜、生菜、圣女果、大葱各100克

调料 盐5克，味精5克，酱油20克，香油10克

做法

① 生菜、圣女果洗净；白萝卜、黄瓜、胡萝卜、大葱均洗净切长段，同生菜一起入沸水中焯熟，加入圣女果一起装盘。

② 锅烧热加油，下各调味料煮汁，舀出装碗做蘸料即可。

养生功效 降低血糖

泡菜拼盘

材料 泡包菜、泡莴笋、泡胡萝卜、泡白萝卜、泡蒜薹、泡蒜头各100克

调料 红油、香油各适量

做法

① 泡包菜切块；泡莴笋切丁；泡胡萝卜、泡白萝卜均切成小片；泡蒜薹切成小段。

② 将泡蒜头与所有切好的泡菜装盘。

③ 再淋上红油与香油，拌匀即可食用。

养生功效 增强免疫

农家杂拌

材料 胡萝卜、黄瓜、生菜、莴笋、紫包菜各适量

调料 盐3克，味精1克，醋6克，老抽、辣椒油各15克

做法

① 胡萝卜洗净，切片；黄瓜洗净，切片；莴笋去皮洗净，切丝；紫包菜洗净，切丝；将所有原材料入水中焯熟，装盘。

② 用盐、味精、醋、老抽、辣椒油调成汁，食用时蘸汁即可。

养生功效 降低血糖

大厨献招 将原材料切片切薄一点，口感更佳。

黄豆芽拌荷兰豆

材料 黄豆芽100克，荷兰豆80克，菊花瓣10克
调料 红椒、盐各3克，味精5克，生抽、香油各10克

做法

① 黄豆芽掐去头尾，洗净，放入水中焯一下，沥干水分，装盘；荷兰豆洗净，切成丝，放入开水中烫熟，装盘。

② 菊花瓣洗净，放入开水中焯一下；红椒洗净，切丝。

③ 将盐、味精、生抽、香油调匀，淋在黄豆芽、荷兰豆上拌匀，撒上菊花瓣、红椒丝即可。

养生功效 排毒瘦身

凉拌青蒜头

材料 带须青蒜头500克
调料 盐3克，味精1克，醋6克，生抽8克，辣椒油10克，香菜少许

做法

① 蒜头连须仔细洗净；香菜洗净，切段。

② 锅内注水烧沸，放入青蒜头焯熟后，捞起放入盘中。

③ 加入盐、味精、醋、生抽、辣椒油拌匀，撒上香菜即可。

养生功效 防癌抗癌
大厨献招 蒜头要连须清洗。

橙汁山药

材料 山药500克，橙汁100克，枸杞8克
调料 糖30克，淀粉25克

做法

① 山药洗净，去皮，切条，入沸水中煮熟，捞出，沥干水分；枸杞稍泡备用。

② 橙汁加热，加糖，最后用水淀粉勾芡成汁。

③ 将加工的橙汁淋在山药上，腌渍入味，放上枸杞即可。

养生功效 防癌抗癌
适合人群 尤其适合女性。

蔬菜豆皮卷

材料 白菜、葱、黄瓜、西红柿各80克，豆腐皮60克

调料 盐、味精各4克，生抽10克

做法

① 白菜洗净，切丝；葱洗净，切段；黄瓜洗净，去皮、去籽，切段；西红柿洗净，去籽，切段；豆腐皮洗净，入开水中焯烫。

② 白菜、葱、黄瓜、西红柿入水中焯一下，晾干，调入盐、味精、生抽拌匀，放在豆皮上。

③ 将豆皮卷起，切成小段，装盘即可。

养生功效 养心润肺

秘制豆干

材料 豆干200克，黄瓜100克

调料 盐3克，味精1克，醋6克，生抽10克

做法

① 豆干洗净，切成菱形片，用沸油炸熟；黄瓜洗净，切成菱形片。

② 将黄瓜片排于盘内，再将豆干排于上面。

③ 用盐、味精、醋、生抽调成汁，浇在上面即可。

养生功效 降低血糖

适合人群 尤其适合老年人。

鲜橙醉雪梨

材料 雪梨400克，橙子500克

调料 白糖20克

做法

① 雪梨去皮，从中间切开，去核，切片，入开水中焯一下，用水冲凉，控干水分，入碗。

② 橙子去皮，挤汁，加入白糖拌匀。

③ 将橙汁加入碗中，浸泡雪梨48小时即可。

养生功效 养心润肺

大厨献招 用榨汁机榨橙汁，更方便。

五彩豆腐丝

材料 豆腐丝400克，黄瓜80克，白菜梗、西红柿各50克，香菜5克

调料 盐、味精、白糖、生抽、芝麻油各适量

做法

① 豆腐丝洗净，切段；黄瓜洗净，切丝；白菜梗洗净，切丝；西红柿洗净，切丝；香菜洗净备用；将所有原材料放入水中焯熟。

② 加盐、味精、白糖、生抽、芝麻油搅拌均匀，装盘即可。

养生功效 提神健脑

大拌菜

材料 黄椒、紫包菜、花生米、樱桃萝卜、黄瓜、大白菜各100克

调料 盐、白醋、白糖、芥末油、香油各适量

做法

① 黄椒去蒂洗净，切圈；紫包菜洗净，切片；樱桃萝卜洗净，切块；大白菜洗净，撕片；黄瓜洗净，切片。

② 锅下油烧热，下花生米炒熟，盛出凉凉；将所有材料放在一起，加盐、白醋、白糖、芥末油、香油拌匀装盘即可。

拌五色时蔬

材料 胡萝卜150克，心里美萝卜200克，黄瓜150克，凉皮200克，香菜少许

调料 盐3克、味精3克、香油10克

做法

① 胡萝卜洗净，切丝；心里美萝卜去皮洗净，切丝；黄瓜洗净，切丝；香菜洗净；将所有原材料放入水中焯熟。

② 把调味料调匀，与原材料一起装盘拌匀即可。

养生功效 补血养颜

馅酪大拌菜

材料 黄瓜、粉丝、胡萝卜、豆皮、紫甘蓝各200克

调料 盐3克，鸡精2克

做法

① 豆皮、胡萝卜、紫甘蓝分别洗净，切丝。

② 锅中倒入水，烧沸，加入盐、粉丝、豆皮丝、胡萝卜丝、紫甘蓝丝焯烫至熟后，捞出。

③ 将烫过的豆皮丝、胡萝卜丝、紫甘蓝丝与黄瓜丝、粉丝拌匀即可。

凉拌茄子

材料 茄子350克，香菜15克

调料 红椒、蒜各10克，酱油、醋各3克，糖6克，辣椒油5克

做法

① 茄子去蒂后洗净，切成长段泡入水中；蒜洗净，剁成末；红椒去蒂、去籽洗净，剁碎；香菜洗净，切碎。

② 将蒜末、红椒粒装碗，加入酱油、醋、糖、辣椒油制成味汁。

③ 将茄子放入蒸锅中蒸熟后取出，排入盘中，淋上味汁拌匀，撒上香菜即可。

蒜香茄泥

材料 茄子400克

调料 红椒、葱各10克，蒜20克，盐3克，鸡精1克，酱油、醋各适量

做法

① 茄子洗净，去皮切块；红椒洗净切丁；葱、蒜分别洗净切末。

② 将茄子条装盘，放入蒸锅隔水蒸10分钟，至熟后取出捣成泥。

③ 将所有调味料一起搅匀，淋在茄泥中，再拌匀即可。

草莓酱山药

材料 山药300克

调料 草莓酱适量

做法

① 将山药洗净，去皮，切成薄片。

② 烧开水，放入山药焯烫至熟，捞起，放入盘中。

③ 倒入草莓酱，拌匀即可食用。

养生功效 排毒瘦身

大厨献招 山药不用焯烫太久，以免太软，影响口感。

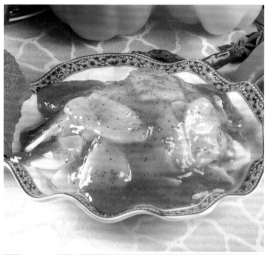

什锦拌菜

材料 山药、西芹、胡萝卜各80克，腐竹50克，水发木耳100克，水煮花生仁10克

调料 盐3克，醋1克，香油适量

做法

① 山药、胡萝卜分别洗净，去皮切片；西芹洗净切段；腐竹切段；水发木耳洗净，撕成小块。

② 山药、胡萝卜、西芹、木耳和腐竹下入沸水中烫熟，捞出沥干。

③ 将所有原料放凉后倒入盘中，加盐和醋、香油拌匀即可食用。

上元大拌菜

材料 水萝卜、黄椒、红椒、紫甘蓝各50克，生菜200克，黄瓜、圣女果各100克，炒花生仁30克

调料 盐2克，白醋、糖各3克

做法

① 水萝卜、黄椒、红椒、紫甘蓝分别洗净切片；生菜、圣女果分别洗净；黄瓜洗净切块。

② 除了花生仁之外，所有原料用沸水焯烫片刻后捞出沥干。

③ 加花生仁一起放入盆中，倒入盐、白醋和糖充分搅拌均匀即可。

爽口莴笋丝

材料 莴笋300克，熟白芝麻20克，香菜60克

调料 盐3克，生抽5克，芝麻油6克，醋3克

做法

1 莴笋削皮，洗净，切成细丝；香菜洗净，备用。

2 锅倒水烧沸，放入莴笋丝焯烫30秒左右，捞出后过冷水沥干，装盘。

3 加盐、生抽、芝麻油、醋、熟白芝麻、香菜拌匀即可。

养生功效 养心润肺

家乡凉菜

材料 粉丝、黑木耳各300克，黄瓜、胡萝卜、洋葱各200克，香菜末100克

调料 红椒50克，辣椒油、醋各、盐、鸡精各适量

做法

1 粉丝泡水，洗净；黑木耳泡发，洗净，焯水沥干；黄瓜、胡萝卜、洋葱洗净，切丝，焯水沥干；红椒洗净切条。

2 锅倒水，粉丝煮熟。

3 将粉丝、黑木耳、黄瓜、胡萝卜、洋葱、香菜、红椒拌匀，再加入辣椒油、醋、盐拌至入味即可。

姜汁时蔬

材料 菠菜180克，姜60克

调料 盐、味精各4克，香油、生抽各10克

做法

1 菠菜择净，洗净，切成小段，放入开水中烫熟，沥干水分，装盘。

2 姜去皮，洗净，一半切碎，一半捣汁，一起倒在菠菜上。

3 将盐、味精、香油、生抽调匀，淋在菠菜上即可。

菠菜花生米

材料 菠菜200克，红豆、杏仁、玉米粒、豌豆、核桃仁、枸杞、花生米各50克

调料 盐2克，味精1克，醋8克，生抽10克，香油15克

做法

① 菠菜洗净，用沸水焯熟；红豆、杏仁、玉米粒、豌豆、枸杞、花生米洗净后，用沸水焯熟后待用；核桃仁洗净。

② 将焯熟后的菠菜放入盘中，再加入红豆、杏仁、玉米粒、豌豆、枸杞、花生米、核桃仁。

③ 盘中加入盐、味精、醋、生抽、香油，拌匀即可。

青豆拌小白菜

材料 小白菜200克，青豆100克

调料 盐3克，味精1克，醋6克，黄、红甜椒各适量

做法

① 小白菜洗净，撕成片；青豆洗净；黄、红椒洗净，切片，用沸水焯熟备用。

② 锅内注水烧沸，分别放入青豆与小白菜焯熟后，捞起装入盘中。

③ 加入盐、味精、醋拌匀，撒上黄、红椒片即可。

凉拌藜蒿

材料 藜蒿300克，红椒少许

调料 盐3克，味精1克，醋8克，生抽10克

做法

① 藜蒿洗净，切长段；红椒洗净，切丝。

② 锅内注水烧沸，放入藜蒿、红椒焯熟后，捞起晾干并装入盘中。

③ 加入盐、味精、醋、生抽拌匀即可。

养生功效 养心润肺

大厨献招 藜蒿不宜久煮，否则会影响口感。

辣拌蕨菜

材料 蕨菜400克，辣椒少许

调料 盐3克，味精1克，醋6克，生抽10克

做法

1. 蕨菜洗净，切长段；辣椒洗净，切圈。
2. 锅内注水烧沸，放入蕨菜段焯熟后，捞起沥干并装入盘中。
3. 加入盐、味精、醋、生抽拌匀，撒上辣椒圈即可。

养生功效 开胃消食

大厨献招 加点红油拌匀，会让菜更美味。

布衣茴香豆

材料 花生米200克

调料 盐2克，陈醋、料酒、茴香各适量，红椒15克

做法

1. 将花生米、茴香洗净；红椒洗净，切段。
2. 锅中倒油，放入花生米炒熟，捞起放凉。
3. 将陈醋、料酒倒入碗中，放入花生米、茴香、红椒、盐，浸泡15分钟即可食用。

养生功效 养心润肺

大厨献招 花生米不要炒得太焦。

凉拌海草

材料 海草350克，红椒20克

调料 盐5克，香油5克，白醋适量

做法

1. 将海草择去杂质，洗净泥沙；红椒洗净，切成细丝。
2. 锅中加水烧沸，下入海草、红椒焯烫至熟后，捞出盛盘。
3. 盐、香油、白醋调成味汁，浇淋在盘中。

大厨献招 海草烹调前要择去杂质，洗净泥沙。

花生松柳芽

材 料 花生米50克，松柳芽100克
调 料 盐、味精各3克，香油适量

做 法

① 松柳芽洗净，入开水锅中焯水后，捞出沥干；花生米洗净。

② 油锅烧热，下花生米炸熟。

③ 将松柳芽、花生米同拌，调入盐、味精拌匀，再淋入香油即可。

养生功效 排毒瘦身

大厨献招 加入炸熟的花生米，入口更酥香。

百合拌圣女果

材 料 鲜百合、圣女果各200克
调 料 糖3克

做 法

① 鲜百合洗净，掰成小片；圣女果洗净切成两半。

② 将百合用沸水烫过，捞出沥干。

③ 将百合与圣女果加糖拌匀即可。

养生功效 养心润肺

大厨献招 百合烫软，容易掰碎，即表示已熟。

适宜人群 尤其适合女性。

姜汁草菇

材 料 草菇500克
调 料 姜片、葱花10克，味精1克，盐、姜末各3克，生抽、香油各5克

做 法

① 草菇洗净，对剖开，焯水。

② 锅倒油烧热，放入姜片炒香，加入水、草菇、盐、味精，煮熟起锅，用原汁浸泡至冷。

③ 姜末加入盐、生抽、味精调匀，再放入香油调匀。

④ 将草菇捞出装盘，将调好的味汁淋上，撒上葱花一起拌匀即成。

拌金针菇

材料 金针菇100克，黄瓜65克，黄花菜50克

调料 葱15克，生抽、醋各6克，香油5克，糖、辣椒油各10克

做法

1 金针菇、黄花菜洗净焯水后沥干盛盘，黄瓜洗净切丝；葱洗净切段。

2 将切好的黄瓜丝装入盛有金针菇的盘中。

3 再加入生抽、醋、糖拌匀，淋上辣椒油、香油一起拌至入味即可。

养生功效 提神健脑

金针菇拌海藻

材料 金针菇150克，干黄花菜、海藻、黄瓜各100克

调料 盐3克，醋、芝麻油各适量，红椒15克

做法

1 将干黄花菜洗净，浸泡至软；金针菇、海藻洗净；黄瓜、红椒洗净，切丝。

2 锅中烧热水，放入所有原料焯烫至熟，捞起，放入盘中。

3 调入芝麻油、盐、醋，放入红椒丝，拌匀，即可食用。

醋泡黑木耳

材料 黑木耳300克

调料 盐3克，味精1克，醋50克，红尖椒6克

做法

1 黑木耳洗净泡发，入开水中烫熟捞出沥干；红尖椒洗净切碎。

2 将盐、味精、醋、红尖椒调成味汁。

3 将调好的味汁淋在黑木耳上拌匀，浸泡半小时即可。

养生功效 排毒瘦身

大厨献招 选用老陈醋调味会更香。

凉拌黑木耳

材料 黑木耳350克，香菜100克

调料 青椒、红椒各30克，鸡精1克，盐、糖、陈醋各3克

做法

① 黑木耳泡发，洗净，去蒂，撕成小片；香菜洗净，切成段；青椒、红椒洗净切成圈。

② 锅倒水烧开，倒入黑木耳焯熟后，迅速放凉水内过凉。

③ 将黑木耳、香菜装盘，加入盐、糖、鸡精、陈醋一起搅拌均匀，淋上香油即可。

老醋木耳拌虾球

材料 虾100克，水发木耳200克，洋葱50克

调料 盐3克，红椒20克，醋适量，香菜25克

做法

① 将水发木耳洗净，撕小朵；虾洗净，取虾仁；洋葱、红椒洗净，切块；香菜洗净，切段。

② 锅中水烧热，放入木耳、虾仁、洋葱、红椒焯烫至熟，放入盘中。

③ 再调入盐、醋，拌匀，撒上香菜，即可。

养生功效 防癌抗癌

大厨献招 木耳不要焯烫太久，以免太软。

洋葱拌木耳

材料 水发木耳300克，洋葱100克

调料 青椒、红椒各10克，盐1克，酱油3克，白醋2克，辣椒油3克

做法

① 水发木耳洗净，撕成小块；洋葱、青椒、红椒分别洗净切条。

② 锅中倒水烧开，分别下入木耳、洋葱、青椒、红椒焯水烫熟，捞出沥干。

③ 将烫熟的材料放入盘中，倒入调味料拌匀即可。

养生功效 防癌抗癌

麻辣榨菜

材料 榨菜350克

调料 红辣椒、蒜末各3克，盐1克，香油适量

做法

① 榨菜去皮，洗净，切片；红辣椒洗净切碎。

② 锅中加水烧开后，下入榨菜片煮至熟后，捞出沥干水分，再装盘。

③ 再加入所有调味料一起拌匀即可。

养生功效 补脾健胃

大厨献招 榨菜本身带有咸味，因此盐不可放太多。

适宜人群 尤其适合女性。

风味毛豆

材料 毛豆500克

调料 盐适量，红油10克，辣椒油3克，干辣椒2克，大蒜5克，八角10克，桂皮15克

做法

① 毛豆洗净，剪去两端尖角；干辣椒、大蒜分别洗净切碎。

② 锅中加水，放八角、桂皮、干辣椒及适量盐，水烧开后，再下入毛豆。

③ 煮至毛豆熟后，捞出装盘，再淋上辣椒油、红油、蒜蓉拌匀即可。

养生功效 降压降糖

杭椒拌虾皮

材料 虾皮200克，杭椒300克

调料 盐1克，酱油3克，香油少许

做法

① 虾皮洗净，烫熟后捞出沥干。

② 将虾皮和杭椒加盐、酱油拌匀，淋上香油即可。

养生功效 提神健脑

大厨献招 如果觉得杭椒较辣，也可以加少许白醋拌匀。

适宜人群 尤其适合男性。

盐菜拌青豆

材料 盐菜100克，青豆300克，红椒30克

调料 盐3克，酱油2克

做法

① 盐菜剁碎；青豆洗净，沥干；红椒洗净切块。

② 锅中注水烧开，加盐和青豆煮熟，捞出沥干。

③ 将盐菜和青豆、红椒放入盘中，倒上酱油拌匀即可。

养生功效 排毒瘦身

大厨献招 青豆表皮的薄膜要剥除再烹饪。

适宜人群 尤其适合女性。

玉米芥蓝拌杏仁

材料 芥蓝、玉米各200克，杏仁150克，红尖椒15克

调料 香油10克，盐3克，味精2克，糖20克

做法

① 芥蓝去皮洗净切片，杏仁泡发洗净，玉米洗净，红尖椒洗净切圈；将所有原材料分别在开水中焯熟。

② 捞出控水，加入所有调味料拌匀即可。

养生功效 提神健脑

适宜人群 尤其适合儿童。

香菜胡萝卜丝

材料 胡萝卜500克，香菜20克

调料 盐4克，味精2克，生抽8克，芝麻油适量

做法

① 胡萝卜洗净，切丝；香菜洗净，切段备用。

② 将胡萝卜丝放入开水稍烫，捞出，沥干水分，放入容器。

③ 将香菜加入胡萝卜丝，加盐、味精、生抽、芝麻油搅拌均匀，装盘即可。

养生功效 增强免疫

适宜人群 尤其适合老年人。

萝卜干花生米

材料 萝卜干150克，花生米100克，熟白芝麻5克
调料 盐3克，葱、香油各5克

做法

① 萝卜干泡发，洗净，再切碎，下入沸水锅中煮熟后捞出。

② 花生米洗净，下入油锅炸至酥脆，捞出沥油；葱洗净，切碎。

③ 将萝卜干、花生米与葱花、盐、香油一起拌匀即可。

花生仁焓芹菜

材料 花生、西芹各350克
调料 花椒、干椒、香油各5克，大料、盐各3克，糖6克，鸡精1克

做法

① 花生洗净；西芹洗净切斜段。

② 锅中加水，放入大料、花椒、盐、花生煮5分钟捞出去皮，与芹菜段拌匀，加入盐、糖、香油、鸡精拌匀。

③ 锅中倒油烧热，放入花椒、干椒炸香，淋在花生芹菜上，拌匀即可。

五彩凉皮

材料 凉皮300克，黄瓜100克，胡萝卜、紫甘蓝、火腿肠各60克
调料 番茄酱20克，盐5克，醋6克

做法

① 凉皮入沸水中烫熟，捞出沥干。

② 黄瓜、紫甘蓝、胡萝卜、火腿肠分别洗净切丝。

③ 将所有原料放入盘中，倒入番茄酱、盐、醋拌匀即可食用。

养生功效 排毒瘦身

大厨献招 可按照个人口味调整调味料。

川北凉粉

材料 凉粉300克

调料 盐3克，醋5克，葱、蒜各10克，红辣椒8克，熟白芝麻5克，红油20克

做法

① 凉粉焯水后切成长条备用；葱、蒜分别洗净切碎；红辣椒洗净切段。

② 凉粉盛入碗中，加盐、醋拌匀，撒上葱、蒜和白芝麻备用。

③ 油锅烧热，下入红辣椒爆香，再倒入红油加热，出锅倒入凉粉上即可。

养生功效 排毒瘦身

黄瓜生菜

材料 皮冻50克，黄瓜40克，生菜10克

调料 红油10克，香油5克，盐3克，味精2克，熟白芝麻3克

做法

① 皮冻切块，黄瓜洗净切片，生菜洗净铺在盘底。

② 将皮冻、黄瓜放入盘内，加入盐，味精，红油，香油拌匀。

③ 再撒上芝麻装盘即可。

养生功效 补血养颜

云南酱肉

材料 猪肉500克

调料 盐、酱油、茴香、花椒、桂皮各适量

做法

① 猪肉洗净，抹上盐，腌1天，再氽水捞出。

② 将肉放在碗中，倒入酱油，加入茴香、花椒、桂皮，浸泡4天。

③ 将酱肉挂太阳底下晒一天，至肉表面发亮冒油，然后挂阴凉处风干，切大片，摆盘即可。

养生功效 开胃消食

大厨献招 肉要切得越薄越好。

蒜香白肉

材料 大蒜30克，猪肉300克，黄瓜200克

调料 香油10克，辣椒油10克，芝麻5克，盐5克，鸡精3克

做法

① 将猪肉洗净，放入沸水锅内煮熟，捞出凉凉，片成长薄片备用；黄瓜洗净切片，与白肉一起卷好摆盘。

② 将大蒜去衣切片，加盐、鸡精、香油一起放油锅中煎成蒜油。

③ 将蒜油浇在肉片上即可。另将辣椒油与芝麻拌匀作蘸料用。

松花豆皮猪肉卷

材料 豆皮100克，皮蛋100克，火腿200克，五花肉250克

调料 香油20克，盐5克

做法

① 五花肉洗净剁成肉末，火腿洗净切碎，皮蛋去壳切小块，豆皮洗净晾干。

② 用豆皮把肉末、火腿、皮蛋包好，卷成卷，煮熟，煮时下盐，使豆皮卷入味。

③ 豆皮卷捞起沥干水，晾凉切片，装盘摆好，淋上香油即可。

红卤王肠

材料 五花肉700克，猪小肠300克

调料 盐、食用硝、香油、酱油、水淀粉各适量

做法

① 五花肉洗净，汆水，剁碎，入盐、食用硝腌渍1个小时，入水淀粉中拌匀；猪小肠洗净待用。

② 五花肉灌入猪小肠内，分小段用绳扎牢，放烤箱内，烘烤1小时。待肉馅呈红色时取出，入水中煮30分钟，捞出，晾干成红肠，切片，淋上香油、酱油即可。

养生功效 增强免疫

海苔冻肉

材料 海苔80克，猪肉皮120克

调料 红辣椒、蒜蓉、盐、味精、香油、红油各适量

做法

1 海苔洗净，剁碎；猪肉皮去毛，洗净，入开水锅里，稍烫，切丁；红辣椒、蒜头洗净，剁碎。

2 煮锅上火，入猪肉皮煮至黏稠时，入海苔，凉凉，切片，装盘。

3 油锅烧热，放红辣椒、蒜蓉炸香，入盐、味精、香油、红油，制成味汁，淋在海苔冻肉上即可。

养生功效 增强免疫

小白菜拌猪耳

材料 小白菜、猪耳各100克

调料 盐、味精各3克，香油10克，红椒20克

做法

1 小白菜洗净，切段；红椒洗净，切圈，与小白菜同入开水锅焯水后捞出；猪耳洗净，切丝，氽水后取出。

2 将以上备好的材料同拌，调入盐、味精拌匀。

3 淋入香油即可。

养生功效 增强免疫

适合人群 尤其适合儿童。

黄瓜拌猪耳

材料 猪耳450克，黄瓜200克

调料 盐3克，香料包（内含桂皮、八角、草果、陈皮、甘草、丁香各适量）1个，酱油、白酒各10毫升，冰糖15克

做法

1 猪耳洗净，入开水氽一下，捞出洗净；黄瓜洗净切片，盛盘。

2 将香料包放入锅中，加入酱油、冰糖、姜、白酒、清水，煮滚后放入猪耳，中火烧40分钟后捞起，晾干，待凉。猪耳切片，摆放在黄瓜上即可。

拌猪耳

材料 猪耳500克

调料 青椒、红椒各10克，葱15克，盐3克，香油5克，卤汤300克

做法

① 将猪耳洗净，焯水后放入卤汤内煮熟；葱洗净切碎；青椒、红椒洗净切丝，入沸水中稍烫。

② 待凉后捞出猪耳，切成细丝装盘。

③ 加入盐、辣椒丝、香油拌匀，撒上葱花即可。

养生功效 开胃消食

猪耳拌猪嘴

材料 猪耳朵300克，猪嘴巴150克

调料 姜块、桂皮、八角、茴香、花椒、酱油、盐、糖色、味精各适量

做法

① 猪耳朵、猪嘴巴洗净，入开水氽烫，捞出。

② 油锅烧热，加入高汤，放入装有姜块、桂皮、茴香、八角、花椒的卤料包烧开，加入酱油、盐、糖色、味精熬成卤汤，放入猪耳朵、猪嘴巴浸卤至入味，捞出切片即可。

千层猪耳

材料 猪耳朵350克，红辣椒5克

调料 葱白、生姜、八角、花椒、香叶各5克，酱油、料酒、白糖、味精各3克

做法

① 将猪耳洗净，下入沸水锅中氽一下，捞出，沥干水分；将葱白、生姜、红辣椒均洗净，葱白、红辣椒切成段，生姜切成片。

② 油锅烧热，放入花椒、八角、葱白段、生姜片、红辣椒、香叶炒出香味，加入酱油、料酒、白糖、味精和适量水，调成酱汁。

③ 将猪耳放入酱汁锅内，烧沸后酱至猪耳熟透，捞出，趁热卷起，凉透后切成片即可。

酸辣猪皮

材料 猪皮350克

调料 香菜末20克，红椒、葱、青椒、醋、酱油各5克，辣椒油、细砂糖各6克

做法

① 猪皮洗净，切成丝；青椒、红椒洗净，切丝；葱洗净，切丝。

② 锅中倒入水、猪皮丝，汆烫至熟后捞出。

③ 将醋、蚝油、酱油、辣椒油、细砂糖、热开水调成酸辣椒汁，淋在猪皮上，撒上葱丝、青椒丝、红椒丝、香菜段一起拌匀即可。

泡椒翡翠猪尾

材料 猪尾300克，蚕豆200克

调料 泡姜、盐各3克，泡椒5克，白醋4克，泡椒水适量

做法

① 猪尾洗净切段；蚕豆去衣洗净；分别放入沸水中煮熟后捞出沥干。

② 泡姜切片；泡椒切段。

③ 将猪尾、蚕豆加入所有材料一起浸泡、拌匀即可食用。

养生功效 养心润肺

富贵猪腰片

材料 猪腰300克，熟花生100克

调料 盐、料酒各3克，酱油6克，醋、红椒、香油、红油各5克

做法

① 猪腰洗净沥干，切成片，加盐和料酒腌渍入味；红椒洗净切丝；熟花生擀碎。

② 锅中加水烧开，下入猪腰片汆水至熟后，捞出摆盘。

③ 再撒上花生碎、红椒丝，淋上醋、酱油、红油、香油一起拌匀即可。

养生功效 开胃消食

豆皮拌黄瓜

材料 豆皮100克，黄瓜80克

调料 葱5克，辣椒油10克，盐3克，糖5克，醋6克，味精1克

做法

① 豆皮洗净，焯水后切丝装盘；黄瓜洗净，也切成细丝；葱洗净切段。

② 将豆皮丝与黄瓜丝一起装盘，淋入辣椒油拌匀。

③ 再加入葱段、盐、味精、糖、醋一起拌至入味即可。

秘制嫩腰片

材料 猪腰400克，黄瓜100克，圣女果50克

调料 盐2克，酱油5克，醋4克，熟白芝麻2克

做法

① 猪腰洗净切片，切成麦穗花刀；黄瓜洗净切片；圣女果洗净对半切开。

② 猪腰入沸水中烫熟，捞出放凉，倒入盐、酱油、醋和白芝麻拌匀。

③ 将黄瓜片和圣女果沿着盘子摆放一圈装饰好，中间倒入腰花即可。

养生功效 补脾健胃

炝拌腰片

材料 猪腰400克，黄瓜80克

调料 盐4克，味精2克，胡椒粉、酱油、熟芝麻、葱花、料酒、干辣椒段各适量

做法

① 猪腰洗净，剖开，除去腰臊，再切成片；黄瓜洗净，切成片。

② 将猪腰用料酒腌渍片刻，倒入开水锅中氽熟，捞出装盘。

③ 油锅烧热，下入干辣椒段，加入所有调味料，淋在腰片上拌匀，装盘；黄瓜围边，撒上葱花和熟芝麻即可。

金针菇猪肚

材料 金针菇、干黄花菜、芹菜梗各100克，猪肚200克

调料 盐3克，醋、香油各适量

做法

① 将金针菇洗净；干黄花菜洗净，浸泡片刻；猪肚洗净，切丝；芹菜梗洗净，切段。锅中烧热水，放入所有原料，焯烫至熟，捞起，放入盘中。

② 最后调入盐、醋、芝麻油，拌匀即可。

养生功效 补脾健胃

风味麻辣牛肉

材料 熟牛肉250克，红辣椒30克，香菜20克，熟芝麻10克

调料 香油15克，辣椒油10克，酱油30克，味精1克，花椒粉2克，葱15克

做法

① 熟牛肉切片；香菜、葱洗净，切段；红辣椒洗净切粒。

② 将味精、酱油、辣椒油、花椒粉、香油调匀，成为调味汁。

③ 牛肉摆盘，浇调味汁，撒熟芝麻、辣椒粒、香菜、葱段，吃时拌匀即可。

特色手撕牛肉

材料 牛肉500克，香菜30克，青椒、红椒各30克

调料 香油10克，红油10克，盐3克，味精3克

做法

① 牛肉洗净，放开水中汆熟，捞起沥干水，凉凉后用手撕成细丝。

② 香菜洗净切碎，青椒、红椒分别洗净切丝。

③ 把调味料拌匀，再放牛肉丝、香菜、椒丝一起拌匀，装盘即可。

养生功效 开胃消食

蒿子杆拌牛肉

材料 蒿子杆200克，牛肉250克，白熟芝麻30克

调料 盐3克，红椒20克，干椒15克，香油适量

做法

① 将蒿子秆洗净；牛肉洗净，切块；红椒洗净，去籽切块；干椒洗净。

② 锅烧热加适量清水，放入蒿子秆、牛肉，焯烫至熟，捞起，放入盘中。

③ 调入适量香油、盐，放入红椒、干椒，撒上白熟芝麻，拌匀即可。

蒜味牛蹄筋

材料 牛蹄筋500克，蒜蓉15克，熟芝麻8克

调料 盐4克，葱花10克，酱油、香油各15克

做法

① 牛蹄筋洗净，入开水锅煮透回软成透明状时，捞出，切片。

② 将牛蹄筋加入盐、酱油、香油搅拌均匀。将熟芝麻、葱花、蒜蓉撒在牛蹄筋上即可。

养生功效 增强免疫

大厨献招 牛筋回软成透明状即可捞出，煮得太软口感不佳。

红油牛百叶

材料 牛百叶250克，红椒少许

调料 红油、生抽、香油、醋各10克，盐、味精各3克

做法

① 牛百叶洗净，入开水中烫熟，切成片，装盘；红椒洗净，切片。

② 盐、生抽、醋、味精、香油调成味汁。

③ 将味汁淋在牛百叶上，拌匀，撒上红椒，食用时按个人口味淋入红油拌匀即可。

养生功效 开胃消食

拌牛百叶

材料 牛百叶500克，芹菜10克

调料 豆瓣酱15克，辣椒油5克，葱15克，红椒5克，盐3克，醋5克

做法

① 牛百叶洗净，切成细丝；葱洗净切段；芹菜洗净去梗；红椒洗净切丝。

② 锅中加水烧热，下入牛百叶丝和芹菜分别焯熟后，捞出装盘。

③ 再加入葱段和所有调味料一起拌匀即可。

养生功效 开胃消食

干拌金钱肚

材料 金钱肚300克，香菜适量

调料 盐3克，味精1克，醋8克，老抽10克，香油12克，辣椒油15克

做法

① 金钱肚洗净，切片；香菜洗净，切段。

② 锅内注水烧沸，放入金钱肚氽熟后，捞起晾干并装入盘中。

③ 将盐、味精、醋、老抽、香油、辣椒油调成汁，浇在金钱肚上，撒上香菜即可。

养生功效 开胃消食

红油牛肚

材料 牛肚350克

调料 葱10克，姜、蒜各15克，料酒3克，盐3克，鸡汤60克，香油5克，红油10克

做法

① 牛肚洗净；葱、姜、蒜洗净切末。

② 锅加水烧热，加入姜、料酒、盐、牛肚煮3小时入味，捞出沥干切片装盘。

③ 将姜、蒜、鸡汤、香油、盐、红油调成汁，倒入牛肚拌匀，撒上葱花即可。

养生功效 开胃消食

凉拌牛肚

材料 牛肚450克，香菜段100克

调料 青椒、红椒各20克，冰糖6克，辣椒油、酱油、香油各5克，料酒、盐各3克

做法

① 牛肚洗净，氽水后沥干，切成块。

② 锅倒水烧热，加料酒、冰糖、牛肚，卤煮2小时，再浸泡3小时，捞出盛盘。

③ 盘中放入青红椒块、香菜段，再倒入辣椒油、酱油、盐、香油拌匀即可。

养生功效 开胃消食

家乡辣牛肚

材料 牛肚、牛肉、猪舌、去皮熟花生、熟白芝麻各适量

调料 辣椒粉、八角、桂皮、花椒、蒜、姜、香菜各适量

做法

① 牛肚、牛肉、猪舌分别洗净，入锅煮熟后切成薄片；蒜、姜洗净切小块；香菜洗净，切段。

② 锅中倒油烧热，倒入桂皮、八角、花椒、蒜、姜爆香后捞出香料，将油倒入辣椒粉中，再倒入牛肚、牛肉、猪舌拌至入味后装盘。

③ 放入花生粒，撒上熟白芝麻、香菜即可。

麻辣羊头肉

材料 卤好的羊头肉400克，熟芝麻10克

调料 香菜10克，红油、麻辣酱各8克，盐3克

做法

① 羊头肉洗净切片；香菜洗净切段。

② 羊头肉装盘，撒上芝麻，加入所有调味料一起拌匀即可。

养生功效 增强免疫

大厨献招 羊头肉切薄些，有利于炒入味。

适合人群 尤其适合男性。

水晶羊头肉

材料 羊头肉、红腰豆、豌豆、胡萝卜丁、白果各适量

调料 胡椒粉、盐各3克，姜末10克，料酒、酱油、醋、芝麻油各5克，橘皮10克

做法

① 羊头肉洗净，切片，开水氽烫后捞出。

② 锅中加水、羊头肉、红腰豆、豌豆、白果、胡萝卜丁、橘皮烧开，加入料酒、盐煮熟。

③ 将姜末、酱油、醋、胡椒粉、盐、芝麻油、水调成味汁。

④ 做完放入冰箱冻好取出，蘸味汁食用即可。

葱蒜拌羊肚

材料 羊肚300克，葱、蒜各适量

调料 盐2克，醋8克，味精1克，红油少许

做法

① 羊肚洗净，切成丝；葱、蒜洗净，切成丝备用。

② 锅内注水，烧开后，将羊肚丝放入开水中氽一下，捞出晾干装盘。

③ 加入盐、醋、味精、红油、葱、蒜后，搅拌均匀即可。

养生功效 保肝护肾

干拌羊杂

材料 羊肉、羊肚、羊心各200克，香菜20克

调料 盐3克，醋5克，酱油3克，葱3克，姜5克，花椒5克，八角3克

做法

① 羊肚、羊肉、羊心洗净，氽水后捞出；香菜洗净切段；葱、姜洗净切碎。

② 锅加水烧热，放入羊肚、羊肉、羊心、葱、姜、花椒、八角、盐，煮至羊杂软烂捞出切片。

③ 羊杂装盘，加入盐，醋、酱油拌匀，撒上香菜即可。

芥末羊蹄

材料 羊蹄250克

调料 盐3克，芥末酱适量，红椒20克，酱油5克，醋4克

做法

1 将羊蹄洗净，切块；红椒洗净，切丝。

2 锅中水烧开，放入羊蹄，煮至肉骨分离后，捞出，切碎，装盘。

3 将所有调味料拌匀，淋在羊蹄上，再次拌匀即可。

养生功效 益气补虚

萝卜干拌兔丁

材料 萝卜干250克，兔肉500克，油炸花生50克

调料 盐4克，葱段、姜块、料酒、豆豉、八角、花椒各适量

做法

1 萝卜干洗净切段；兔肉洗净切丁，与萝卜干入沸水中焯熟，和油炸花生一起装盘。

2 葱段、花椒、盐、姜块、料酒、八角、豆豉入锅煮成汁，盛入盘中拌匀即可。

养生功效 降低血压

芹菜兔肉

材料 兔肉600克，芹菜150克，甜椒50克

调料 盐、葱花、姜末、八角、桂皮、料酒、香油各适量

做法

1 兔肉洗净，入高压锅，上火压至软烂，取肉撕成丝，入盘。

2 芹菜、甜椒洗净切丝，入沸水中焯至断生，入盘。

3 将盐、葱花、八角、姜末、桂皮、料酒、香油入锅煮成汁，盛入盘中拌匀即可。

养生功效 降低血脂

手撕鸡肉

材料 鸡肉700克

调料 盐、葱段、姜片、料酒、芝麻酱、糖各适量

做法

① 鸡洗净，放入开水中氽烫出血沫，捞出备用。

② 锅中放清水没过鸡肉，加盐、葱段、姜片、料酒煮至鸡肉断生，捞出，用手撕成小块。

③ 将鸡肉配以用芝麻酱、鸡汤、糖调成的味汁蘸食即可。

养生功效 提神健脑

大厨献招 鸡肉不宜煮得太老，断生即可捞出。

皮蛋拌鸡丝

材料 皮蛋100克，鸡胸肉300克，熟白芝麻10克

调料 葱末、蒜末各5克，酱油4克，醋3克

做法

① 皮蛋去壳切开，摆放入盘；鸡胸肉洗净切丝。

② 鸡丝放入沸水中氽熟，捞出沥干。

③ 盘中倒入鸡丝，倒入酱油和醋，撒上白芝麻、葱末、蒜末即可。

养生功效 补脾健胃

大厨献招 鸡丝烫熟后可过冷开水冷却，口感更好。

适宜人群 尤其适合女性。

鸭胗拌烤笋

材料 卤熟鸭胗、烤笋各300克，芹菜100克，胡萝卜60克，熟花生30克

调料 盐3克

做法

① 卤熟鸭胗切片；烤笋切条；芹菜洗净，切段；胡萝卜去皮，洗净，切成条。

② 将鸭胗、竹笋装盘；锅倒油烧热，倒入胡萝卜、芹菜炒至断生，撒入花生炒匀。

③ 加入盐调味，倒在鸭胗、竹笋上，拌匀即可。

萝卜苗拌鸭胗

材料 卤鸭胗300克，萝卜苗200克

调料 盐1克，香油、辣椒油各适量

做法

1. 卤鸭胗切片；萝卜苗择好洗净，沥干。
2. 锅中加水烧开，下入萝卜苗焯水至熟后，捞出沥干水分。
3. 将萝卜苗与鸭胗一起拌匀即可。

养生功效 开胃消食

大厨献招 卤鸭胗本来已有咸味，因此这道菜盐不要放多。

海螺大粉皮

材料 海螺肉250克，黄瓜、豆腐皮、拉皮各100克，黄椒、红椒各50克，白熟芝麻30克

调料 盐、味精、酱油、醋、香油各适量，香菜段各适量

做法

1. 将海螺肉洗净，切片，放入沸水中焯烫至熟；黄瓜、黄椒、豆腐皮、红椒洗净，切丝。
2. 将拉皮铺于盘中。取小碗加入所有调料和白熟芝麻拌匀，做成酱汁。
3. 将海螺肉、黄瓜、黄椒、豆腐皮、红椒、香菜铺在粉皮上，淋上酱汁拌匀即可。

凉拌羊肉

材料 熟羊肉200克，香菜2克，蒜蓉、葱各5克

调料 盐、味精、香油各5克

做法

1. 熟羊肉切片盛碟。
2. 葱切丝，与蒜蓉、调味料加少许水搅拌成调料汁。
3. 将调料汁淋于羊肉上拌匀，撒少许香菜即可。

养生功效 养心润肺

适宜人群 尤其适合老年人。

拌三脆

材料 海蜇、青椒、木耳各30克
调料 醋5克，盐、糖、香油各3克，味精1克
做法

1 海蜇洗净切条，焯水后捞出，入冷水浸泡约3小时；青椒洗净切条；木耳泡发，洗净，撕成小片。

2 锅中加水烧热，倒入青椒、木耳焯熟捞出沥干盛盘。

3 倒入海蜇、盐、味精、糖、醋、香油拌匀即可。

养生功效 降压降糖

适宜人群 尤其适合老年人。

芋丝丁香鱼

材料 魔芋粉丝350克，丁香鱼、圣女果各200克，香菜段60克
调料 豆豉15克，酱油3克，味精1克，胡椒粉2克，盐3克，高汤100克
做法

1 魔芋粉丝洗净；丁香鱼洗净，泡软；圣女果洗净，对半剖开，围在盘的边缘。

2 锅倒水，下入粉丝煮熟，捞出，装盘；将酱油、味精、胡椒粉、盐拌匀，加入高汤，淋在粉丝中拌匀。

3 锅倒油烧热，倒入丁香鱼、豆豉炒熟后倒在粉丝上，撒上香菜。

鲮鱼小白菜

材料 豆豉鲮鱼罐头、黑木耳、小白菜各200克，圣女果100克，熟白芝麻15克
调料 盐3克
做法

1 打开豆豉鲮鱼罐头，取出鲮鱼，切成长条；黑木耳洗净，撕成小片；小白菜洗净焯水，铺在盘底；圣女果对半剖开。

2 锅加水、盐，放入黑木耳焯水，捞出沥干。

3 将圣女果、黑木耳放在小白菜上，最后放上鲮鱼，撒上熟白芝麻，食用时拌匀即可。

拌墨斗鱼

材料 墨斗鱼500克，黄瓜、胡萝卜各30克，生菜6克

调料 红椒、青椒各5克，香油、酱油各6克，料酒30克，盐、糖各3克，味精1.5克，辣椒油10克

做法

1. 墨斗鱼洗净；黄瓜、胡萝卜洗净切块；红椒、青椒洗净切丝；生菜洗净铺盘。
2. 锅加水、墨斗鱼汆水后捞出沥水，装盘。
3. 加入盐、糖、酱油、料酒腌渍，放入黄瓜、胡萝卜、味精、香油、青红椒丝拌匀，淋上辣椒油即可。

拌什锦章鱼

材料 章鱼350克，洋葱、黄瓜各50克

调料 盐3克，味精2克，葱5克，香油3克，醋5克，干辣椒10克

做法

1. 章鱼去眼、硬心、五脏，洗净切段，汆水烫熟装盘；黄瓜、洋葱均洗净切条；葱洗净切段。
2. 锅倒油烧热，倒入干辣椒炒香取出红油，加入黄瓜、洋葱，葱、盐、味精、醋、香油拌匀。
3. 倒入章鱼拌匀即可。

养生功效 养心润肺

凉拌海杂

材料 蟹柳、粉丝、虾仁段、洋葱丝、鱿鱼各200克

调料 青椒丝、红椒丝、辣椒油各10克，糖6克，盐、胡椒粉、料酒各3克

做法

1. 鱿鱼洗净，切成条打上花刀，再切成块；蟹柳洗净，切段。
2. 锅倒水、料酒、虾仁、鱿鱼、蟹柳烫熟，另起锅加水、粉丝煮熟。
3. 将辣椒油、糖、盐、胡椒粉、料酒调成味汁，虾仁、鱿鱼、蟹柳装碗，淋上味汁，加入洋葱丝、青椒丝、红椒丝拌匀即可。

手撕兔肉

材料 兔肉700克，红椒适量

调料 盐5克，葱、姜、八角、桂皮、料酒、红油、熟芝麻各适量

做法

① 兔肉洗净，入水汆烫；红椒洗净切圈；葱洗净切段。

② 兔肉入高压锅，加盐、姜、八角、桂皮、料酒、清水，上火压至软烂，取肉撕成丝，加葱段、红油、熟芝麻，搅拌均匀即可。

蒜香狗肉

材料 狗肉、生菜叶各适量

调料 蒜、红椒、酱油、香油各适量

做法

① 狗肉洗净，切成丝，用沸水汆熟，捞起沥干水，下油锅中滑熟，淋上酱油，盛出待用。

② 蒜去皮拍破，红椒洗净切丝，生菜洗净，一起与狗肉摆盘放好。

③ 将香油淋于菜上即可。

养生功效 增强免疫

罗汉笋红汤鸡

材料 罗汉笋、鸡各适量

调料 盐、味精、葱段、姜块、料酒、红油、鸡汤、胡椒粉、葱花、熟芝麻各适量

做法

① 罗汉笋洗净，入水中煮熟，捞出；鸡洗净，下入清水锅中，加葱段、姜块、料酒、盐煮好，捞出切条，放在罗汉笋上。

② 用鸡汤、红油、味精、胡椒粉调成汁淋在鸡块上，撒上葱花和熟芝麻即可。

养生功效 提神健脑

鸡丝凉皮

材料 熟鸡脯肉、凉皮、黄瓜、芝麻各适量

调料 精盐、味精、香油、红油各适量

做法

① 凉皮放进沸水中焯熟，捞起控干水，装盘凉凉；黄瓜洗净切成丝；将鸡脯肉撕成细丝，与黄瓜丝、凉皮一起装盘。

② 将香油、红油、芝麻、盐、味精调匀，浇在凉皮上即可。

养生功效 开胃消食

大厨献招 加入黄瓜丝，吃起来更爽口。

鸭肠凉粉

材料 鸭肠200克，凉粉300克，熟白芝麻20克

调料 葱20克，辣椒油2克，醋、盐各3克，白糖6克

做法

① 鸭肠洗净，切段，氽烫后捞出沥干水分；凉粉洗净，切成条；葱洗净，切碎。

② 将醋、辣椒油、盐、白糖搅拌均匀成味汁。

③ 鸭肠、凉粉装盘，倒入味汁、芝麻拌匀，撒上葱花即可。

养生功效 开胃消食

花生拌鱼皮

材料 花生、鱼皮各300克，香菜50克

调料 花椒油、盐各3克，香油、醋各5克

做法

① 花生洗净沥干；鱼皮洗净，氽水后切成细条；香菜洗净焯水切段。

② 锅中倒油烧热，倒入花生仁炒至脆，加盐调味装盘。

③ 花椒油、香油、盐、醋调成汁，倒入鱼皮、香菜拌匀，放入花生即可。

养生功效 开胃消食

鱼皮萝卜丝

材料 鱼皮、心里美萝卜各300克

调料 青椒100克，香油、芥末油各5克，料酒3克，胡椒粉2克，盐3克，味精1克

做法

① 鱼皮洗净，切丝，用温水泡开；心里美萝卜洗净，切丝；青椒洗净，切丝，入开水焯烫后捞出。

② 将鱼皮丝、心里美萝卜、青椒丝装盘。

③ 加入香油、芥末油、料酒、胡椒粉、盐、味精拌匀即可。

白菜丝拌鱼干

材料 鱼干200克，白菜300克，胡萝卜50克

调料 盐、酱油各3克，醋少许

做法

① 白菜洗净切成丝；胡萝卜洗净去皮，切成丝。

② 鱼干切成丝，抹上盐，放入蒸锅中大火蒸熟。

③ 白菜丝和胡萝卜丝装入盘中，放上蒸熟的鱼干，再加入所有调味料一起拌匀即可。

养生功效 排毒瘦身

大厨献招 醋最好用白醋。

炝拌鱼干

材料 鱼干300克

调料 干辣椒3克，辣椒油5克

做法

① 鱼干润透，洗净；干辣椒洗净切段。

② 将鱼干入锅蒸至软后，取出切成小块，装盘。

③ 将干辣椒入油锅中炝香后，淋在鱼干上，再加辣椒油一起拌匀即可。

养生功效 提神健脑

大厨献招 鱼干本身已有咸味，因此不必放盐。

风味拌鱼皮

材料 鱼皮300克

调料 白醋5克，盐3克，辣椒油2克，葱、红椒、香菜各适量

做法

① 鱼皮洗净泡软，切成条；葱、红椒分别洗净切丝；香菜洗净切碎。

② 鱼皮下入沸水中汆烫至熟，捞出沥干盛盘。

③ 加入白醋、盐和辣椒油拌匀，撒上葱丝、红椒丝、香菜碎即可。

凉拌鱼皮

材料 鱼皮350克，黄瓜、胡萝卜各100克

调料 花椒油、醋、盐各3克，鸡精1克，香油、生抽各5克

做法

① 鱼皮洗净，切成条；黄瓜、胡萝卜洗净，斜切成薄片。

② 锅中倒入水烧沸，放入鱼皮大火汆40秒，取出后立即用凉水冲凉。

③ 将醋、盐、鸡精、花椒油、香油、生抽调匀成汁，和鱼皮、黄瓜片、胡萝卜片拌匀即可。

鲮鱼空心菜

材料 豆豉鲮鱼罐头200克，空心菜300克

调料 盐3克

做法

① 打开豆豉鲮鱼罐头，取出鲮鱼，切成段；空心菜洗净，摘去叶子，取梗切成长段。

② 锅中倒水烧沸，加入油、盐煮开，放入空心菜焯烫至熟，捞出沥干水分。

③ 空心菜整齐摆入盘内，放上鲮鱼，食用时拌匀即可。

养生功效 排毒瘦身

第二章
只要几分钟就能做好的
家常小炒

农家手撕包菜

材料 包菜400克，猪肉20克

调料 干辣椒、酱油各5克，盐2克，陈醋6克

做法

① 包菜洗净，用手撕成小块；猪肉洗净切片；干辣椒洗净切段。

② 锅中倒油烧热，下入干辣椒炝香，再下入猪肉和包菜一起翻炒至熟。

③ 最后下陈醋、盐和酱油调好味后即可出锅。

炝炒包菜

材料 包菜300克，干辣椒10克

调料 盐5克，醋6克，味精3克

做法

① 包菜洗净，切成三角块状；干辣椒剪成小段。

② 锅中加油烧热，下入干辣椒段炝炒出香味。

③ 下入包菜块，炒熟后，再加入所有调味料炒匀即可。

养生功效 开胃消食

大厨献招 炝干辣椒的时候，要用小火。

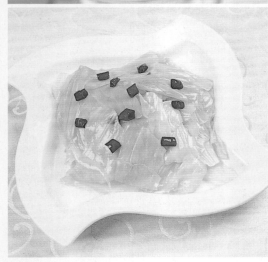

手撕包菜

材料 包菜300克

调料 白糖5克，白醋10克，盐5克，鸡精5克，干辣椒20克

做法

① 包菜洗净，将菜叶剥下来，用手撕成小片；干辣椒洗净切粒。

② 炒锅烧热放入油，将干辣椒、包菜放入翻炒，炒至将熟时加入白醋和盐、白糖、鸡精炒匀，即可出锅装盘。

养生功效 养心润肺

炒湘味小油菜

材料 猪肉200克，油菜300克

调料 红椒15克，豆瓣酱20克，盐3克，味精1克

做法

① 猪肉洗净，剁碎；油菜摘洗干净，切小段；红椒洗净，切碎；豆瓣酱剁碎。

② 锅中油烧热，倒入红椒炒香，然后加入猪肉炒至出油后，倒入油菜翻炒，加入剁碎的豆瓣酱炒匀。

③ 加入盐、味精，炒至菜梗软熟，出锅即可。

腊八豆炒空心菜梗

材料 腊八豆150克，空心菜梗200克

调料 盐3克，红椒30克

做法

① 将空心菜梗洗净，切段；红椒洗净，去籽，切条。

② 锅中水烧热，放入空心菜梗焯烫一下，捞起。

③ 锅中倒油烧热，放入腊八豆、空心菜梗、红椒，调入盐，炒熟即可。

养生功效 开胃消食

木须小白菜

材料 黑木耳50克，小白菜200克，猪肉250克，鸡蛋液50克

调料 料酒、盐各3克，酱油、香油各5克

做法

① 猪肉洗净，切成片；黑木耳泡发，洗净，撕成片；小白菜摘洗净，掰成段。

② 锅中倒油烧热，加入鸡蛋炒熟后，装盘；另起锅，倒油烧热，放入肉片煸炒变色，加入料酒、酱油、盐，炒匀后，加入木耳、小白菜、鸡蛋同炒。

③ 炒熟后，淋入香油即可。

豆腐皮炒菜心

材料 豆腐皮300克，菜心500克

调料 盐3克，味精1克，香油5克

做法

① 豆腐皮泡发，洗净，撕成小片；菜心洗净，将大棵的一切为二。

② 锅倒油烧热，放入豆腐皮、菜心翻炒至熟。

③ 放入盐、味精调味，炒匀，淋上香油即可。

养生功效 补脾健胃

大厨献招 炒菜时应用大火翻炒。

生炒广东菜心

材料 菜心400克，猪肉20克

调料 盐5克，蒜末3克，味精4克，酱油适量

做法

① 菜心洗净，取菜梗剖开；猪肉洗净切片。

② 锅中倒油加热，下入蒜末炒香，加入菜心和猪肉炒熟。

③ 倒入盐和酱油炒至入味即可。

养生功效 降压降糖

大厨献招 菜心有筋络，一般不用除去。

白果扒油菜

材料 油菜300克，白果20克

调料 盐3克，鸡精1克

做法

① 油菜洗净，对切成两半；白果洗净，去壳、去皮备用。

② 炒锅倒油烧热，下入油菜炒熟，加盐和鸡精调好味，出锅装盘。

③ 将白果炒熟，装饰在油菜上即可。

养生功效 降压降糖

大厨献招 油菜老化的黄叶要除去。

双菌烩丝瓜

材料 滑子菇、平菇各200克，丝瓜300克

调料 青椒15克，盐3克，鸡精1克

做法

① 丝瓜去皮，洗净，斜切成段；滑子菇去蒂，洗净，焯水后捞出；平菇去蒂，洗净，撕成片；青椒洗净，斜切成片。

② 炒锅倒油烧至六成热时，放入丝瓜煸炒2分钟后，倒入滑子菇、平菇、青椒片快炒翻匀。

③ 加盐、鸡精调味，出锅即可。

养生功效 排毒瘦身

小炒丝瓜

材料 丝瓜300克

调料 红椒20克，盐3克，鸡精1克

做法

① 丝瓜去皮，洗净，斜切成小块；红椒洗净，切小段。

② 锅中油烧热，倒入丝瓜炒均匀后，加入清水、红椒炒至稍软。

③ 加入盐、鸡精拌炒入味，起锅即可。

养生功效 降压降糖

适合人群 尤其适合老年人。

老油条炒丝瓜

材料 丝瓜250克，油条2根

调料 盐2克

做法

① 丝瓜削去老皮，洗净，切成长段备用；油条撕成小片。

② 锅中加油烧热，下入丝瓜炒至出水后，再加入油条。

③ 一起翻炒均匀，待丝瓜熟后，加盐调味即可。

养生功效 开胃消食

茄子炒豆角

材料 茄子、豆角各200克

调料 盐、味精各2克，酱油、香油、辣椒各15克

做法

1 茄子、辣椒洗净，切段；豆角洗净，撕去荚丝，切段。

2 锅中倒油烧热，放辣椒段爆香，下入茄子段、豆角段，大火煸炒。

3 下入盐、味精、酱油、香油调味，翻炒均匀即可。

大蒜茄丝

材料 茄子400克

调料 大蒜、葱各10克，辣椒酱5克，盐2克，白芝麻3克

做法

1 茄子洗净切条，蒸软备用；大蒜、葱分别洗净切碎；白芝麻洗净沥干。

2 锅中倒油烧热，下入大蒜炸香，再下茄子炒熟。

3 加入盐、辣椒酱和白芝麻炒匀至入味，出锅撒上葱花即可。

烧椒麦茄

材料 茄子300克，青椒、红椒各30克，豆苗50克

调料 盐2克，蒜末、酱油、辣椒酱各3克

做法

1 茄子洗净，在表皮打上花刀切成长条；青椒、红椒分别洗净切丁；豆苗洗净，摆到盘子周围做装饰。

2 锅中倒油烧热，下入茄子炒熟，加入盐、酱油、辣椒酱炒匀。

3 茄子出锅倒入豆苗中间，将青椒、红椒和蒜末拌匀，倒在茄子上。

八宝茄子

材料 茄子300克，炒花生米50克，葡萄干、白芝麻各10克，瓜子仁、白萝卜、青椒块、红椒块各20克

调料 酱油3克，糖2克，香油少许

做法

1 茄子洗净，切成滚刀块；白萝卜洗净，去皮切块。

2 锅中倒油烧热，下入茄子块炒熟后备用；锅中倒油、青椒、红椒、白萝卜块炒熟。

3 倒入茄子、花生米、瓜子仁和葡萄干、白芝麻翻炒，加酱油、糖翻炒，出锅淋上香油即可。

滑塘小炒

材料 莲藕300克

调料 青椒、红椒各30克，蒜苗、豆豉各20克，姜、盐、糖各3克，味精1克

做法

1 莲藕去皮洗净切成条状；青椒、红椒洗净切条；蒜苗洗净切段；姜洗净切末。

2 锅中倒油烧热，下入莲藕炸透，倒出沥油，另起锅中倒油烧热，放入姜炝锅，放入豆豉略炒，莲藕回锅，加入青椒、红椒、蒜苗炒匀。

3 加盐、糖、味精入味，撒上葱即可。

回锅莲藕

材料 莲藕300克，花生20克

调料 红辣椒5克，葱末、盐各3克

做法

1 莲藕去皮洗净，切丁；花生洗净沥干；红辣椒洗净切碎。

2 将藕丁下入沸水中焯水至熟，捞出沥干。

3 锅中倒油烧热，下入藕丁和花生炒熟，加盐和红辣椒炒入味，最后撒上葱末即可出锅。

养生功效 补血养颜

甜豆炒莲藕

材料 莲藕、甜豆、鸡腿菇、滑子菇、腰果、花生、西芹、木耳各适量

调料 盐3克，味精2克

做法

① 莲藕去皮洗净，切成薄片；木耳泡发，洗净，撕成小朵；鸡腿菇洗净，切成片；甜豆、西芹洗净，切成段。

② 将腰果、花生分别洗净后，下入油锅中炸至香脆后捞出。

③ 油锅烧热，下入备好的材料一起炒至熟透，加盐、味精调味即可。

干煸豆角

材料 豆角500克，芽菜50克

调料 红尖椒、盐、葱、姜、蒜、酱油各适量

做法

① 豆角撕去筋，洗净沥干；红尖椒切成段；葱、姜、蒜洗净切碎。

② 锅中倒油烧热，放入豆角炸至表皮起皱后盛起。

③ 锅中留底油，下葱、姜、蒜、芽菜爆香，再下入豆角一起煸炒。

④ 最后调入酱油、盐、味精炒匀即可。

香锅四季豆

材料 四季豆350克，五花肉200克

调料 红泡椒、葱白各60克，米酒15克，生抽10克，糖6克，盐3克，鸡精1克

做法

① 四季豆洗净，去筋，切成段；五花肉洗净，切条；葱白洗净，切段；红泡椒洗净。锅中倒油烧热，放入四季豆炒熟盛起；锅中留油烧热，放入五花肉炒至肉色稍白，加入米酒、四季豆回锅翻炒。

② 加入红泡椒、生抽、糖、盐、鸡精炒匀入味，撒上葱段即可。

炒白菜头

材料 大白菜500克

调料 干红辣椒25克，醋6克，白糖8克，盐3克，姜末、酱油各10克，料酒、淀粉各5克

做法

① 白菜洗净，用刀切成大条；干红辣椒洗净切成段。

② 油烧热，放入红干辣椒炸至变色，下入姜末及白菜，快炒后加入醋、酱油、白糖、盐、料酒、味精调味。

③ 煸炒至白菜呈金黄色时，勾芡，出锅装盘即成。

醋熘白菜

材料 大白菜400克，青椒、红椒各10克，干红椒10克

调料 醋35克，盐4克，酱油5克，红油少许

做法

① 大白菜洗净，斜切片；青椒、红椒洗净切片；干红椒切丝备用。

② 锅中倒油加热，下大白菜快速翻炒，加入醋和青椒、红椒。

③ 最后加入干红椒、盐、酱油和红油炒匀，装盘即可。

白菜炒竹笋

材料 白菜250克，竹笋100克，水发香菇100克

调料 盐4克，生抽10克，鸡精2克，青椒、红椒各30克，红油少许

做法

① 白菜洗净，切块；竹笋洗净，切丝；香菇洗净，切块；青椒、红椒洗净，去籽，切丝备用。

② 锅中倒油加热，先后下竹笋、香菇、白菜，迅速翻炒。

③ 加入青椒、红辣椒等调味料，炒匀即可。

养生功效 排毒瘦身

黄花菜炒金针菇

材料 金针菇200克，黄花菜100克
调料 盐3克，红椒、青椒30克

做法

① 将金针菇洗净；黄花菜泡发，洗净；红椒、青椒洗净，去籽，切条。

② 锅置火上，烧热油，放入红椒、青椒爆香。

③ 再放入金针菇、黄花菜，调入盐，炒熟即可。

养生功效 提神健脑

葱油珍菌

材料 百灵菇300克，葱20克
调料 盐3克，味精1克

做法

① 百灵菇洗净，切成片后，再入开水中稍焯；葱洗净切段。

② 炒锅中倒油烧热，放入葱段炒至出油，下入百灵菇翻炒。

③ 调入盐、味精入味，略炒即可。

大厨献招 下百灵菇时一定要快炒，时间不宜过长，否则易炒焦。

香炒百灵菇

材料 百灵菇300克，猪肉150克
调料 青椒、红椒、酱油、盐、味精各适量

做法

① 百灵菇洗净，切成片，入开水焯烫后捞出；猪肉洗净，切片；青椒、红椒洗净，切成小块。

② 锅中倒油烧热，放入猪肉、百灵菇片翻炒后，加入青椒、红椒块炒至断生。

③ 待熟后，加入酱油、盐、味精炒至入味，出锅即可。

养生功效 补血养颜

碧绿牛肝菌

材料 牛肝菌100克，青椒、红椒各50克

调料 盐3克，味精1克

做法

① 牛肝菌洗净，入水煮15分钟捞出沥干切片；青椒、红椒去籽洗净切块。

② 炒锅中倒油烧热，放入牛肝菌、青椒、红椒翻炒。

③ 调入盐、味精入味，炒至牛肝菌熟即可。

养生功效 增强免疫

适合人群 尤其适合女性。

白果烩三珍

材料 牛肝菌100克，竹荪200克，白果50克，油菜300克，胡萝卜5克

调料 盐3克，鸡精1克，淀粉5克

做法

① 牛肝菌、竹荪分别泡发，洗净切片；白果洗净；油菜洗净，烫熟摆盘；胡萝卜洗净，去皮切片；淀粉加水拌匀。

② 锅中倒油烧热，下入牛肝菌、竹荪、白果、胡萝卜炒熟。

③ 下盐和鸡精调味，倒入淀粉水勾芡，出锅倒在油菜中间即可。

咖喱什菜煲

材料 扁豆、竹笋片、草菇、香菇、西蓝花各适量

调料 红椒块30克，咖喱膏100克，椰浆50克，糖、盐各3克

做法

① 扁豆洗净，斜切成段；西蓝花洗净，掰成小朵；草菇泡发，洗净；香菇洗净，撕成小块，均焯烫，捞出。

② 油烧热，倒入扁豆、竹笋、红椒、草菇、香菇、西蓝花翻炒，加咖喱膏、椰浆、水炒匀。

③ 加糖、盐调味，炒熟盛出。

茶树菇炒豆角

材料 茶树菇150克，豆角200克

调料 盐3克，红椒15克

做法

① 将茶树菇洗净，切去头、尾；豆角洗净，切段；红椒洗净，去籽切丝。

② 锅中倒油烧热，放入茶树菇、豆角、红椒，翻炒。

③ 最后调入盐，炒熟即可。

养生功效 降压降糖

大厨献招 茶树菇和豆角在炒之前，可以焯烫一下，除去农药外，也能缩短炒的时间。

养颜小炒

材料 四季豆200克，鲜百合80克，水发木耳、水发银耳各150克，黄瓜200克

调料 胡萝卜、盐各3克，鸡精1克，白醋1克

做法

① 四季豆择好洗净，切段；胡萝卜洗净，去皮切片；鲜百合洗净；水发木耳、水发银耳分别洗净，撕成小块；黄瓜洗净切片。

② 锅中倒油烧热，下入四季豆、银耳、木耳、百合翻炒至熟。

③ 下入所有调味料炒至入味，装盘，装饰上黄瓜片即可。

黑木耳炒青椒

材料 水发木耳、青椒各150克

调料 盐3克，葱10克

做法

① 将水发木耳洗净，撕小朵；青椒洗净，切块；葱洗净，切段。

② 锅中油烧热，放入水发木耳、青椒，翻炒。调入盐，放入葱，炒熟即可。

养生功效 排毒瘦身

大厨献招 葱应后放，否则容易变黄。

适合人群 尤其适合女性。

甜豆炒木耳

材料 甜豆400克，水发木耳200克
调料 盐3克，鸡精1克，红椒5克

做法

1 甜豆择好洗净；水发木耳洗净，撕成小块；红椒洗净切段。

2 锅中倒油烧热，下入甜豆翻炒，加入木耳和红椒一起炒熟。

3 加盐和鸡精调好味后出锅，木耳和红椒倒在盘中央，甜豆围在周围即可。

养生功效 降压降糖

适合人群 尤其适合女性。

奶白菜炒山木耳

材料 奶白菜350克，山木耳300克
调料 红椒20克

做法

1 奶白菜摘洗干净，掰开叶子，切成小段；山木耳泡发，洗净，撕成片；红椒去蒂去籽，洗净，切成小块。

2 锅倒油烧热，倒入奶白菜煸炒至油润明亮后，加入山木耳、红椒翻炒均匀。

3 加入盐、味精炒至入味，即可。

养生功效 降压降糖

十八鲜

材料 莴笋200克，绿豆芽、胡萝卜各50克，水发木耳100克
调料 蒜末3克，盐3克，鸡精1克

做法

1 莴笋、胡萝卜分别洗净，去皮切丝；绿豆芽洗净；水发木耳洗净，撕成小块。

2 锅中倒油烧热，下入蒜末爆香，倒入木耳炒熟，下入其余原材料炒熟。

3 下盐和鸡精炒匀入味，即可出锅装盘。

养生功效 补脾健胃

香芹炒木耳

材料 香芹300克，黑木耳50克

调料 盐3克，鸡精1克

做法

① 香芹洗净，切段；黑木耳泡发洗净，撕成小片。

② 锅中倒油烧热，倒入木耳、香芹翻炒均匀。

③ 待熟后，加入盐、鸡精炒至入味，出锅即可。

养生功效 降压降糖

大厨献招 炒制时，动作一定要快，以确保菜的鲜嫩。

彩椒木耳山药

材料 红椒、青椒、黄椒50克，山药100克，水发木耳50克

调料 盐3克

做法

① 将红椒、青椒、黄椒洗净，去籽切块；山药洗净，去皮切片；水发木耳洗净，撕成小朵。

② 锅中倒油烧热，放入所有原料，翻炒。

③ 最后调入盐，炒熟即可。

养生功效 降压降糖

韭菜炒黄豆芽

材料 韭菜200克，黄豆芽200克，干辣椒40克

调料 香油适量，盐3克，鸡精1克，蒜蓉20克

做法

① 将韭菜洗净，切段；黄豆芽洗净，沥干水分；干辣椒洗净，切段。

② 锅中加油烧热，放入干辣椒和蒜蓉炒香，倒入黄豆芽翻炒，再倒入韭菜一起炒至熟。

③ 最后加入香油、盐、鸡精炒匀，装盘即可。

养生功效 排毒瘦身

大厨献招 加入粉条，味道会更好。

韭菜炒豆腐干

材料 韭菜400克，豆腐干100克，红椒20克

调料 盐3克，鸡精1克

做法

① 将韭菜洗净，切段；豆腐干洗净，切细条；红椒洗净，切段。

② 锅加油烧至七成热，倒入韭菜翻炒，再加入豆腐干和红椒一起炒至熟。

③ 最后加入盐和鸡精调味，起锅装盘即可。

养生功效 降低血脂

大厨献招 加入少许辣椒酱，此菜味道会更好。

葱油豆腐

材料 豆腐400克，洋葱、香菇各200克，青椒、红椒各30克

调料 盐3克，味精1克，酱油5克，淀粉10克

做法

① 豆腐洗净切片，下入油锅中稍煎；洋葱洗净切成片；香菇洗净泡发，焯水后切成片；青椒、红椒洗净切块。

② 锅中倒油烧热，倒入葱片、青椒、红椒炒香，下入香菇、豆腐翻炒。

③ 倒入酱油，调入盐、味精入味，用水淀粉勾芡，收汁即可。

韭菜炒豆腐

材料 韭菜200克，豆腐300克

调料 辣椒酱、淀粉各10克，盐3克，红椒5克

做法

① 韭菜洗净切段；豆腐洗净切块；红椒洗净切圈；淀粉加水拌匀。

② 锅中倒油烧热，下韭菜炒熟，加豆腐和盐翻炒。

③ 倒入辣椒酱，加淀粉水勾芡即可。

养生功效 排毒瘦身

大厨献招 择韭菜时一般可以直接把最底下一层叶子向相反方向拉下，就可以清理干净茎部了。

橄榄菜滑菇熘豆腐

材料 豆腐150克，滑子菇、油菜各100克，橄榄菜30克

调料 盐3克，红椒、青椒、葱各20克，水淀粉适量

做法

① 将豆腐洗净，切块；滑子菇洗净；油菜洗净；红椒、青椒洗净，切丁；葱洗净，切碎。

② 锅中油烧热，放入豆腐、滑子菇、油菜、红椒、青椒、橄榄菜，翻炒。

③ 再调入盐，最后倒入水淀粉勾芡，撒上葱花，即可。

养生功效 补脾健胃

木耳白菜油豆腐

材料 黑木耳、白菜、油豆腐、胡萝卜各适量

调料 青椒块、红椒块各20克，老抽、糖、醋、盐各3克，鸡精1克

做法

① 黑木耳泡发，洗净，撕成片；白菜洗净，撕成片；油豆腐、胡萝卜洗净，切片。

② 锅倒油烧热，放入白菜片、油豆腐炒至微软，倒入老抽、糖、醋，倒入黑木耳、胡萝卜、青椒块、红椒块，翻炒。

③ 加入盐、鸡精炒匀，出锅即可。

京味排骨

材料 排骨250克，芹菜、白萝卜各100克

调料 盐3克，料酒适量，白糖5克，淀粉20克，辣椒酱适量

做法

① 将排骨洗净，剁成小块，放入料酒、盐、白糖、淀粉腌渍入味；芹菜、白萝卜洗净，切段。

② 锅中油烧热，将排骨裹上淀粉后，放入油锅中炸至六成熟，捞起。

③ 锅中留少量油，放入芹菜、白萝卜稍炒，再放入排骨，调入盐、辣椒酱，炒熟即可。

生炒小排

材料 排骨400克，熟白芝麻5克

调料 盐2克，酱油3克，干辣椒20克，青辣椒5克

做法

1 排骨洗净剁块，抹上盐和酱油腌至入味；干辣椒洗净切段；青辣椒洗净切碎。

2 锅中倒油加热，下入排骨炸熟，捞出沥油。

3 净锅倒少许油，加入排骨、白芝麻、干辣椒和青辣椒，炒匀入味即可。

糖醋排骨

材料 排骨400克

调料 酱油4克，白糖5克，醋10克，料酒、盐各适量

做法

1 将排骨洗净，剁成块，用开水氽一下，捞出加盐、酱油腌入味。

2 炒锅中倒油烧热，下排骨炸至金黄，捞出沥油。

3 炒锅留少许油烧热，下酱油、醋、白糖、料酒炒匀，下入排骨炒上色，加入适量清水烧开，用慢火煨至汁浓即可。

橙汁菠萝肉排

材料 排骨300克，菠萝200克

调料 盐、糖、淀粉各3克，橙汁30克

做法

1 菠萝去皮，洗净切块；排骨洗净剁成块，抹上盐腌至入味；淀粉加水拌匀。

2 锅中倒油烧热，下入排骨炸熟后捞出备用。

3 净锅再倒油烧热，倒入糖和橙汁炒至溶化，下入菠萝炒熟，倒入排骨，加淀粉水勾芡即可。

养生功效 增强免疫

湘西干锅莴笋腊肉

材料 莴笋300克，腊肉350克

调料 青椒、红椒各20克，料酒6克，味精1克，红油10克

做法

① 腊肉洗净，切成片；莴笋去皮，洗净，切长条；青、红椒洗净，切成小圈。

② 锅烧热，放入腊肉煸出香味后，下入莴笋片、青椒圈、红椒圈，用旺火翻炒至莴笋片熟后。

③ 加入料酒、味精，淋上红油调味，出锅即可。

西葫芦炒腊肉

材料 腊肉、西葫芦各300克

调料 干辣椒15克，盐3克，鸡精1克，糖3克

做法

① 腊肉、西葫芦洗净，切成片；干辣椒洗净，切段。

② 锅倒油烧热，倒入干辣椒炒香，再下入腊肉炒至吐油，倒入西葫芦翻炒至熟。

③ 加入盐、鸡精、糖翻炒至入味，出锅即可。

养生功效 养心润肺

适合人群 尤其适合女性。

豆豉南瓜焖叉烧

材料 南瓜300克，叉烧100克，豆豉10克

调料 盐3克，蒜头10克，蒜叶、红辣椒各5克

做法

① 南瓜洗净，去皮切片；叉烧洗净，切薄片；蒜叶洗净切段；蒜头去衣洗净；红辣椒洗净切块。

② 锅中倒油烧热，下蒜头、蒜叶和红辣椒爆香，倒入南瓜炒至断生，加盐炒入味。

③ 最后加入叉烧，一同炒熟后即可出锅。

养生功效 降压降糖

松子牛肉

材料 牛肉300克，豌豆、松子、玉米各200克
调料 姜20克，盐、味精各5克，料酒适量

做法

1 牛肉洗净切粒，豌豆、玉米、松子分别洗净，姜洗净切片。

2 豌豆、玉米、松子煮至八成熟，盛起备用。

3 油锅烧热，爆热姜片，下牛肉、料酒炒熟，放入豌豆、玉米、松子，调入盐，炒匀盛出。

养生功效 补血养颜

大厨献招 炒松子的时候最好用中小火，以免炒焦。

茶树菇炒肥牛

材料 茶树菇150克，肥牛250克，豆豉50克
调料 盐3克，红椒、青椒20克

做法

1 将茶树菇洗净，切段；肥牛洗净，切片；青椒、红椒洗净，去籽切丝。

2 锅中倒油烧热，放入青椒、红椒、豆豉爆香，放入茶树菇、肥牛，稍炒片刻。

3 最后调入盐，炒熟即可。

养生功效 提神健脑

大厨献招 肥牛不要炒太久，以免变老。

碧绿杭椒炒牛柳条

材料 牛里脊肉200克，青杭椒、红杭椒各50克
调料 盐3克，味精2克，淀粉5克，酱油3克

做法

1 牛里脊肉洗净切条，用淀粉、酱油和油拌匀腌渍10分钟；青杭椒、红杭椒洗净。

2 炒锅倒油烧至三成热，放入牛柳、青杭椒、红杭椒炒至牛柳变色。

3 调入盐、味精翻炒入味，略炒即可起锅。

养生功效 增强免疫

适合人群 尤其适合老年人。

脆黄牛柳丝

材料 黄瓜200克，牛里脊肉150克

调料 盐3克，味精1克，红尖椒10克，料酒20克，淀粉6克

做法

① 黄瓜洗净切成条状；牛里脊肉洗净切成丝，用淀粉、料酒腌渍；红尖椒洗净切碎。

② 炒锅中倒油烧热，放入红尖椒炒香，下牛肉滑炒，加入黄瓜翻炒至肉变色。

③ 调入盐、味精，略炒即可。

养生功效 益气补虚

翡翠牛肉粒

材料 青豆300克，牛肉100克，白果仁20克

调料 盐3克

做法

① 青豆、白果仁分别洗净沥干；牛肉洗净切粒。

② 锅中倒油烧热，下入牛肉炒至变色，盛出。

③ 净锅再倒油烧热，下入青豆和白果仁炒熟，倒入牛肉炒匀，加盐调味即可。

养生功效 益气补虚

豆豉牛肚

材料 牛肚800克

调料 盐4克，白糖15克，酱油8克，料酒、葱段、姜块、葱白、甜椒、红油各适量

做法

① 葱白、甜椒洗净切丝。

② 把牛肚、料酒、葱段、姜块同放至开水中稍煮，捞出切片；油锅烧热，放豆豉加盐、白糖、酱油、红油炒好，淋在牛肚上，撒上葱白和甜椒即可。

养生功效 增强免疫

酸辣黄喉

材料 黄喉350克，酸菜50克

调料 蒜薹、红椒各20克，盐3克，味精4克

做法

① 黄喉洗净，切成薄片，入开水汆烫后捞出；酸菜切小块；蒜薹洗净，切小段；红椒去蒂洗净，切碎。

② 锅中倒油烧热，倒入蒜薹、红椒炒香后，再放入黄喉片、酸菜一起翻炒。

③ 加入盐、味精炒至入味后，出锅即可。

养生功效 开胃消食

霸王羊肉

材料 羊肉350克，蒜薹、窝头各100克

调料 红椒8克，干辣椒5克，盐1克，酱油、蒜末各2克

做法

① 羊肉洗净切成长条状，抹上盐腌至入味；蒜薹洗净切段；红椒、干辣椒分别洗净切段；窝头也切成条状。

② 锅中倒油烧热，下蒜末爆香，倒入羊肉煎熟，再倒入蒜薹、窝头炒熟。

③ 最后加入红椒、干辣椒和酱油，炒匀即可出锅。

孜然羊肉薄饼

材料 薄饼150克，羊肉250克，洋葱30克

调料 盐3克，熟白芝麻5克，孜然粉、红椒、青椒各适量

做法

① 将羊肉、洋葱、红椒、青椒洗净，切丁。锅中倒入油，放入孜然粉爆香，再倒入羊肉、洋葱、红椒、青椒翻炒。

② 最后倒入盐，撒上白芝麻，包进薄饼内食用即可。

养生功效 益气补虚

葱爆羊肉

材料 羊肉300克，大葱100克

调料 味精2克，酱油20克，盐2克，料酒、红椒各10克

做法

① 羊肉洗净切成薄片；大葱斜切成片状；红椒洗净，切斜片。

② 炒锅倒油烧至七八成热，放入羊肉片、大葱、红椒快速煸炒。

③ 调入料酒、酱油，快炒至肉片变色，加入盐、味精拌炒即可。

迷你粽香羊肉粒

材料 羊肉300克

调料 彩椒、洋葱各20克，糖、盐各2克，酱油3克

做法

① 羊肉洗净切丁；彩椒、洋葱分别洗净切丁。

② 锅中倒油烧热，下入糖炒至溶化，倒入羊肉翻炒上色，加酱油和盐调味。

③ 下入洋葱和彩椒，翻炒均匀后出锅即可。

养生功效 增强免疫

炒烤羊肉

材料 羊肉400克

调料 盐2克，淀粉4克，葱末、熟白芝麻、酱油各3克

做法

① 羊肉洗净切成片，抹上盐腌至入味，用烤箱烤熟备用；淀粉加适量水拌匀。

② 油锅加热，下入羊肉，加酱油炒匀。

③ 倒入淀粉水勾芡，撒上葱末和白芝麻，略加翻炒即可出锅。

养生功效 增强免疫

小炒黑山羊

材料 黑山羊肉350克

调料 青椒、红椒、蒜苗各20克，辣椒酱15克，料酒5克，味精1克，盐、生抽各3克，红油5克

做法

① 黑山羊肉洗净，切成条，加入盐、味精、料酒腌渍；葱洗净，切斜段。

② 锅中倒油烧热，下入羊肉炒熟后，捞出沥净油；锅留油烧热，放入青椒、红椒、葱段，羊肉回锅，加辣椒酱炒匀。

③ 加入盐、味精、生抽，淋入红油即可。

西北烩羊肉

材料 羊肉300克，土豆、粉皮各100克，酸菜10克

调料 香菜、盐各3克，辣椒酱10克

做法

① 羊肉洗净切块；土豆洗净，去皮切块；粉皮泡软后洗净，切段；酸菜切碎。

② 锅中倒油加热，下入羊肉炒至断生，加入土豆、粉皮、酸菜炒熟。

③ 加水焖煮，加入辣椒酱和盐炒匀，撒上香菜即可出锅。

香辣啤酒羊肉

材料 羊肉350克

调料 干辣椒、葱各20克，啤酒80克，生抽5克，盐3克

做法

① 羊肉洗净，切小块，入开水汆烫后捞出；葱洗净，切碎；干辣椒洗净，切段。

② 锅中倒油烧热，放入羊肉炒干水分后，加入干辣椒煸炒。

③ 加入啤酒、生抽、盐煸炒至上色，加入葱花炒匀，起锅即可。

养生功效 增强免疫

川香羊排

材料 羊排650克，烟笋80克，熟芝麻少许

调料 辣椒段、豆瓣酱、八角、桂皮、料酒、酱油、大葱段、盐、味精各适量

做法

① 羊排洗净，剁成小块，入汤锅，加水、八角、桂皮，煮烂，捞出；烟笋泡发后，切成小条。

② 油锅烧热，下豆瓣酱、辣椒段、烟笋略炒，再加入羊排，烹入料酒炒香。

③ 加盐、味精、酱油、大葱段炒匀，撒上芝麻，出锅即可。

新派孜然羊肉

材料 羊肉300克

调料 孜然粉20克，青椒、红椒各10克，葱末15克，干辣椒20克，料酒、盐各3克，味精1克

做法

① 羊肉洗净，切成片，加盐、料酒腌渍；青椒、红椒洗净，切小块。

② 锅中倒油烧热，放入羊肉炒至八成熟，立即捞出；另起油锅烧热，放入孜然、干辣椒，炒至金黄色，羊肉片回锅。

③ 烹入料酒，快速翻炒后，倒入青椒、红椒炒至断生，撒上葱花即可。

干椒爆仔鸡

材料 净仔鸡400克，洋葱60克

调料 青椒、红椒各20克，干辣椒、花椒各10克，料酒、盐、鸡精各3克

做法

① 仔鸡洗净切块；洋葱、青椒、红椒洗净切小块。

② 鸡块用料酒、盐腌渍；锅中倒油烧热，放入干辣椒、花椒炒香，加入鸡块翻炒。

③ 最后倒入洋葱、青椒、红椒，调入盐、鸡精，炒熟至入味即可。

宫爆鸡丁

材料 鸡胸肉300克，炸熟花生100克

调料 豆瓣酱15克，淀粉6克，盐3克，醋、干红辣椒各5克，料酒、糖、酱油各3克

做法

①鸡胸肉切丁，加盐、湿淀粉拌匀；干红辣椒洗净切碎。

②炒锅中倒油烧热，倒入干红辣椒爆香，放入鸡丁炒散，加入豆瓣酱炒红，烹入料酒略炒。

③糖、醋、酱油、肉汤、湿淀粉调成芡汁倒入锅，放入花生米炒匀即可。

姬菇炒鸡柳

材料 姬菇300克，鸡肉200克

调料 彩椒20克，葱末、蒜末各5克，盐2克，酱油3克

做法

①姬菇洗净切片；鸡肉洗净切成条；彩椒洗净切条。

②锅中倒油烧热，下入葱末和蒜末炸香，倒入姬菇和鸡柳炒熟。

③下盐和酱油调好味即可。

养生功效 排毒瘦身

农家炒土鸡

材料 土鸡350克，芹菜段100克

调料 红椒15克，盐3克，生抽、陈醋各5克，味精1克

做法

①土鸡洗净，剁成块；汆水后捞出；芹菜段洗净，切成段；红椒洗净，切成圈。

②炒锅中倒油烧热，倒入鸡块翻炒片刻，加入生抽、陈醋爆炒至鸡肉变成焦黄时，放入红椒圈、芹菜段翻炒片刻。

③待熟后，放入味精翻炒一下，出锅即可。

小炒鸡胗

材料 鸡胗350克

调料 葱、红椒、青椒各20克，干辣椒15克，料酒5克，盐3克，生抽6克

做法

① 鸡胗洗净，切成片，用料酒、盐腌渍；青椒、红椒、干辣椒、葱洗净，切段。

② 锅中油烧热，倒入干辣椒、鸡胗炒至发白，加入生抽、料酒翻炒。

③ 锅留油烧热，放入青椒、红椒炒香后，鸡胗回锅翻炒，加入葱段，撒入盐炒匀，出锅即可。

小炒鸡杂

材料 鸡肠、鸡胗各200克，胡萝卜、酸萝卜各100克

调料 青椒、红椒、蒜苗段各30克，盐、白酒、糖、老抽、淀粉各适量

做法

① 鸡胗洗净，切片；鸡肠洗净，切段；胡萝卜、酸萝卜洗净，切丁；青椒、红椒洗净，切段。

② 锅中倒油烧热，放入蒜苗、青椒、红椒段炒香后，下入鸡肠、鸡胗，大火炒至变色后，加入胡萝卜粒、酸萝卜炒熟。

③ 倒入老抽调色，放盐，炒匀即可。

葱味孜然鸭脯

材料 鸭脯肉500克，大葱200克

调料 孜然粉15克，盐3克，味精1克，辣椒油、料酒各6克，淀粉5克

做法

① 鸭脯肉洗净切成薄片，用料酒、淀粉、油将肉片腌渍片刻；大葱洗净斜切成片状。

② 锅倒辣椒油烧热，倒入大葱炒香，放入鸭脯肉煸炒。

③ 调入盐、味精、孜然粉炒入味后，炒至肉变色即可。

养生功效 养心润肺

锅巴美味鸭

材料 烧鸭350克，锅巴50克，白熟芝麻30克
调料 盐3克，干椒40克

做法

① 将烧鸭砍成大小一致的块；锅巴掰成小块；干椒洗净。

② 起锅，烧热油，放入烧鸭、锅巴、干椒，翻炒。

③ 调入盐，炒熟，最后撒上白熟芝麻即可。

大厨献招 烧鸭和锅巴已是成品，所以炒菜时不用炒太久。

松香鸭粒

材料 松子仁、豌豆各200克，鸭肉300克，胡萝卜100克
调料 料酒6克，盐3克，味精1克

做法

① 鸭肉洗净，切成粒；胡萝卜去皮，洗净，切成丁。

② 炒锅加油烧热，倒入松子仁翻炒至金黄，盛盘，凉凉；另起锅烧热，倒入鸭肉、豌豆、胡萝卜丁，炒熟后，倒入松子仁炒一会儿。

③ 加入料酒、盐、味精翻炒入味，出锅即可。

香菇鸭肉

材料 鸭300克，香菇、洋葱各200克
调料 青椒30克，料酒3克，生抽5克，盐3克，糖6克，老抽5克，胡椒粉2克

做法

① 鸭洗净，剁成块，入沸水氽烫后捞出；香菇、洋葱、青椒洗净，切小块。

② 锅中倒油烧热，放入鸭块翻炒，烹入料酒、酱油炒至变色后，加入香菇煸炒至出水后，加入洋葱、青椒翻炒至断生。

③ 调入盐、糖、老抽、胡椒粉调味，出锅即可。

湘西雷打鸭

材料 鸭肉300克，罐装玉米粒200克，胡萝卜、芹菜各100克

调料 红椒20克，料酒5克，盐3克，鸡精1克，淀粉6克

做法

1 鸭肉洗净，切块；胡萝卜洗净，切丁；芹菜、红椒洗净，切丁。

2 锅倒油烧热，放鸭块翻炒5分钟后，烹入料酒炒匀后，加入胡萝卜丁、芹菜丁、红椒丁翻炒，然后倒入玉米粒，炒至熟透后。

3 加入盐、鸡精调味，用淀粉勾芡，出锅即可。

白果酱瓜鸭

材料 白果100克，酱瓜200克，鸭肉300克

调料 青椒、红椒各10克，盐2克，酱油、辣椒酱各3克

做法

1 白果洗净；酱瓜切块；鸭肉洗净剁块；青椒、红椒分别洗净切片。

2 锅中倒油烧热，下入鸭肉炒至变色，加入酱瓜、白果、青椒和红椒炒熟。

3 下盐、酱油和辣椒酱炒匀至入味即可。

养生功效 增强免疫

大厨献招 此菜可加入少许糖，味道更好。

葱爆鸭舌

材料 鸭舌250克，葱30克

调料 盐3克，味精1克，淀粉10克

做法

1 鸭舌洗净切成条状，用水和淀粉拌匀；葱洗净切成丝。

2 锅倒油烧热，放入鸭舌炸至金黄捞出。

3 另起锅倒油烧热，放入葱炒香，鸭舌回锅爆炒，调入盐和味精即可。

养生功效 养心润肺

大厨献招 炸鸭舌的时间要控制好，否则易炸糊。

四方炒鱼丁

材料 红腰豆、白果各200克，鱼肉、豌豆各300克

调料 蒜蓉15克，盐3克，味精1克

做法

① 鱼肉洗净，切成丁；红腰豆、白果、豌豆洗净，入沸水锅焯烫后捞出。

② 锅倒油烧热，倒入鱼肉过油后捞出沥干；另起油锅烧热，倒入豌豆、红腰豆、白果、蒜蓉翻炒，鱼肉回锅继续翻炒至熟。

③ 加入盐、味精炒匀，起锅即可。

养生功效 益气补虚

川香乌冬泼辣鱼

材料 鲜鱼300克，油菜35克

调料 红辣椒末20克，盐、白芝麻、葱花、蒜蓉各3克，红油10克

做法

① 鲜鱼洗净，取净肉切成片，用盐腌渍；白芝麻洗净沥干。

② 鱼肉汆熟，捞出沥干，备用；油菜洗净，入沸盐水中烫熟备用。

③ 锅中倒油加热，下入红辣椒、白芝麻、葱、蒜炒香，倒入红油加热，出锅淋在鱼肉上，以油菜围边即可。

百合西芹木耳炒鱼滑

材料 腰果、水发木耳、鲜百合各50克，西芹20克，红椒10克，鱼滑100克

调料 盐3克，鸡精1克

做法

① 腰果、百合、鱼滑分别洗净沥干；木耳撕成块；西芹洗净切块；红椒洗净切段。

② 锅中倒油烧热，下入腰果炸熟，再倒入其余原料炒熟。

③ 加盐和鸡精调好味，即可出锅。

养生功效 补血养颜

小鱼干炒茄丝

材料 小鱼干300克，茄子200克，青椒、红椒各30克

调料 盐、陈醋各2克，酱油3克

做法

① 小鱼干洗净沥干；茄子洗净切丝；青椒、红椒分别洗净切丝。

② 锅中倒油烧热，下入小鱼干稍炸，加入茄子、青椒和红椒一同炒熟。

③ 下入调味料炒至入味即可。

养生功效 补脾健胃

香芹炒鳗鱼干

材料 鳗鱼干、香芹各300克

调料 红椒20克，老抽5克，盐3克，鸡精1克

做法

① 鳗鱼干泡发洗净，切成小段；红椒洗净，切丝；香芹洗净，去叶切段。

② 锅中倒油烧热，倒入鳗鱼干稍微过下热油，放入香芹段、红椒丝翻炒。

③ 加入老抽、盐、鸡精，炒熟后出锅即可。

养生功效 保肝护肾

适合人群 尤其适合女性。

荷包蛋马哈鱼烧豆腐

材料 鸡蛋5个，马哈鱼200克，豆腐150克

调料 盐3克，青椒20克，辣椒酱适量

做法

① 马哈鱼、豆腐洗净，切块；青椒洗净，去籽切块。

② 锅中油烧热，打入鸡蛋，放少量盐，煎成荷包蛋，放入盘中。

③ 另起锅，烧热油，放入马哈鱼、豆腐稍炸，再放入青椒，调入盐、辣椒酱炒熟，倒入盛荷包蛋的碟中即可。

宫爆鳕鱼

材料 鳕鱼200克，黄瓜50克，熟花生100克
调料 干红辣椒末、淀粉各10克，盐3克，酱油5克，醋6克

做法
① 鳕鱼洗净切块；黄瓜洗净切丁。
② 鳕鱼用盐、淀粉上浆拌匀，锅中倒油烧热，倒入鳕鱼炸至金黄捞出。
③ 另起锅中倒油烧热，下干红辣椒炒香，倒入黄瓜、炸熟花生，鳕鱼回锅爆炒。
④ 调入剩余调味料炒匀即可。

蒜苗咸肉炒鳕鱼

材料 鳕鱼350克，咸五花肉300克，胡萝卜200克
调料 蒜苗300克，盐3克，鸡精1克，淀粉6克
做法
① 鳕鱼洗净，切成段，用盐、鸡精、淀粉腌渍5分钟入味；咸肉洗净切块，入沸水中余5分钟；蒜苗洗净，切成段。
② 锅中倒油烧热，放入鳕鱼、咸肉煸炒至出油，再放入蒜苗、胡萝卜煸炒至熟后。
③ 加入鸡精调味，翻炒均匀即可。

鳕鱼茄子煲

材料 鳕鱼、茄子各300克，香菇粒100克
调料 红椒粒、葱花、洋葱片各20克，料酒5克，淀粉10克，糖6克，盐3克
做法
① 鳕鱼洗净，切块，用料酒、淀粉拌匀；茄子去皮，洗净，切成段，用淀粉抓匀。
② 锅中倒油烧热，倒入茄子炸熟；锅留油烧热，放入鳕鱼炸熟，捞出沥油。
③ 锅中倒油烧热，放入香菇粒、红椒、洋葱片、鳕鱼、茄条、水、糖、盐翻炒，撒上葱花即可。

韭菜鸡蛋炒银鱼

材料 韭菜300克，鸡蛋10克，银鱼50克
调料 盐3克，香油少许

做法

① 韭菜洗净切段；鸡蛋打散；银鱼洗净沥干。

② 锅中倒油烧热，下入鸡蛋煎至凝固，铲碎后加入韭菜和银鱼。

③ 翻炒均匀，加盐调味，出锅后淋上香油即可。

养生功效 提神健脑

蒜仔鳝鱼煲

材料 鳝鱼400克，香菇、平菇各50克
调料 青椒、红椒各30克，大蒜20克，盐3克，酱油2克，蚝油1克

做法

① 鳝鱼洗净切段，加盐腌渍；香菇、平菇分别洗净切块；青椒、红椒分别洗净切片；大蒜去皮洗净。

② 锅中倒油烧热，下入大蒜爆香，倒入鳝鱼炒熟，加入香菇、平菇和青椒、红椒炒熟。下盐、酱油和蚝油炒匀入味即可。

葱香炒鳝蛏

材料 鳝鱼750克，蛏子500克，葱100克
调料 料酒25克，香油5克，盐3克，味精1克

做法

① 鳝鱼用刀剖开，取出内脏和脊骨，洗净切成段；蛏子洗净，氽水捞出取出蛏肉；葱洗净切段。

② 炒锅中倒油烧热，放入鳝鱼、蛏肉爆炒，倒入料酒。

③ 再下入葱段，调入盐、味精翻炒入味，淋上香油即可。

黑椒墨鱼片

材料 净墨鱼肉250克,洋葱100克

调料 盐3克,黑椒10克,酱油适量,青椒、红椒各25克

做法

1 将墨鱼肉、洋葱洗净,切片;青椒、红椒洗净,去籽,切片。

2 锅中油烧热,放入洋葱、红椒、青椒炒香。

3 再放入墨鱼,调入盐、黑椒、酱油,炒熟即可。

火爆墨鱼花

材料 墨鱼300克,水发木耳50克,蒜薹100克,洋葱50克

调料 红椒20克,盐3克,淀粉5克

做法

1 墨鱼洗净切片,打上花刀;木耳洗净撕成小块;蒜薹洗净切段;洋葱、红椒分别洗净切片;淀粉加水拌匀。

2 锅中倒油烧热,墨鱼滑熟后捞出;再下入红椒、木耳、洋葱、蒜薹一起炒熟。

3 最后再倒入墨鱼,炒匀后,加盐调味即可。

酱爆墨鱼仔

材料 墨鱼仔350克,西芹50克,百合30克

调料 红椒10克,辣椒酱15克,料酒3克,鲜贝露10克,盐3克

做法

1 墨鱼仔洗净,氽水后沥干;西芹洗净,切段;百合洗净;红椒洗净切成小块。

2 炒锅中倒油烧热,放入辣椒酱翻炒至呈深红色,放入墨鱼仔爆炒,烹入料酒炒匀后,倒入鲜贝露。

3 加入盐,倒入西芹、百合、红椒炒至入味即可。

福一处小炒

材料 绿豆芽350克，鱿鱼300克，韭菜100克

调料 盐3克，味精1克，香油5克

做法

① 绿豆芽去头洗净；鱿鱼、韭菜分别洗净，切成长段。

② 锅中倒油烧热，放入鱿鱼煸炒至肉变色，下韭菜段、绿豆芽翻炒至熟。

③ 加入盐、味精炒匀，淋上香油即可。

养生功效 保肝护肾

适合人群 尤其适合男性。

干煸豆角鱿鱼

材料 豆角350克，鱿鱼300克

调料 红椒15克，豆豉10克，盐5克，酱油8克，料酒10克

做法

① 豆角洗净切成长段，焯水后沥干；鱿鱼洗净切丝；红椒洗净切成条。

② 鱿鱼用盐、料酒腌渍10分钟；锅中倒油烧热，下入豆豉、红椒爆香，再倒入鱿鱼丝、豆角一起煸炒至熟。

③ 加入盐、酱油，大火炒3分钟即可。

干煸鱿鱼须

材料 鱿鱼须300克，芹菜200克

调料 干红辣椒20克，料酒、盐、酱油各3克，味精1克

做法

① 鱿鱼须洗净切成段；芹菜、干红尖椒洗净留梗切段。

② 锅中倒油烧热，下入干红辣椒炒香，倒入鱿鱼、芹菜段煸炒。

③ 烹入料酒翻炒，加入盐、酱油、味精炒香即可。

养生功效 益气补虚

海味炒木耳

材料 鲜鱿鱼100克，虾仁150克，蟹柳100克，水发木耳200克，鸡蛋2个

调料 盐3克，葱5克

做法

1 将鲜鱿鱼洗净，打花刀；虾仁洗净；蟹柳洗净，切段；水发木耳洗净，撕小朵；鸡蛋洗净，打成蛋液；葱洗净，切段。

2 锅中油烧热，放入蛋液，煎成蛋皮，切片。另起锅，烧热油，放入所有原料翻炒，调入盐，炒熟即可。

火爆豉香鱿鱼圈

材料 鱿鱼300克

调料 豆豉10克，青椒、红椒各20克，盐3克

做法

1 鱿鱼洗净切圈；青椒、红椒分别洗净切圈。

2 锅中倒油烧热，下入鱿鱼圈炒熟，加红椒、青椒炒匀。

3 加盐调味，倒入豆豉炒香即可。

养生功效 补脾健胃

适合人群 尤其适合男性。

酱爆鱿鱼须

材料 鱿鱼须350克，香菜200克

调料 XO酱15克，料酒3克，生抽5克，糖6克，盐3克，鸡精1克

做法

1 鱿鱼须洗净，切成段，汆水后沥干；香菜洗净，切段。

2 锅中倒油烧热，放入鱿鱼须、料酒，快炒1分钟，再倒入生抽、XO酱、糖翻炒。

3 最后加入香菜，加入盐、鸡精翻炒均匀盛出即可。

养生功效 开胃消食

三鲜口袋豆腐

材料 鱼丸、肉丸、油豆腐各100克，水发香菇、鱿鱼各50克

调料 葱段、盐各2克，红椒、酱油、淀粉各3克

做法

1 油豆腐、水发香菇洗净切块；鱿鱼洗净切片，打上花刀；红椒洗净切片；淀粉加水拌匀。

2 锅中倒油烧热，下入鱼丸、肉丸、油豆腐、香菇和鱿鱼炒熟。

3 下葱段和红椒炒匀，加盐、酱油调味，倒入淀粉水勾芡即可。

台湾小炒

材料 红椒、芹菜各200克，豆干300克，虾干、鱿鱼干各150克

调料 盐2克，酱油3克，辣椒油适量

做法

1 红椒、芹菜、豆干分别洗净切条；鱿鱼干泡发，洗净，切成长条；虾干泡发，洗净。锅中倒油烧热，下入鱿鱼干、虾干炒香，再下入红椒、芹菜、豆干炒熟。

2 下盐和酱油炒匀入味，倒入盘中即可。

养生功效 保肝护肾

碧绿炒虾球

材料 河虾100克，西芹150克

调料 盐3克，料酒5克，鸡精1克

做法

1 河虾去壳除肠泥，剪去虾头和虾尾，洗净沥干；西芹洗净，切成菱形片。

2 炒锅中倒油烧热，放入虾仁、西芹快炒。

3 调入料酒略炒，加入盐和鸡精调味即可。

适合人群 尤其适合老年人。

翠塘虾干小银鱼

材料 四季豆200克，虾米50克，小银鱼100克

调料 盐3克，红椒20克，面粉30克

做法

① 四季豆洗净，去头尾，切成段；虾米、小银鱼洗净；红椒洗净，切块。

② 烧热适量油，把裹上面粉的小银鱼放入锅中炸至金黄，捞起，沥干油。

③ 锅中留少量油，放入四季豆、虾米、小银鱼、红椒，调入盐，炒熟即可。

养生功效 提神健脑

翡翠虾仁

材料 鲜虾仁200克，豌豆300克，滑子菇20克

调料 盐3克，淀粉5克

做法

① 虾仁洗净；豌豆和滑子菇洗净沥干；淀粉加水拌匀。

② 锅中倒油烧热，下入豌豆炒熟，再倒入滑子菇和虾仁翻炒。

③ 全部炒熟后加盐调味，倒入淀粉水勾一层薄芡即可。

养生功效 补血养颜

凤尾桃花虾

材料 鲜虾500克，西兰花300克

调料 盐3克，味精1克

做法

① 鲜虾去头、肠线、壳洗净，汆水后沥干；西蓝花洗净摘朵，入开水焯熟。

② 虾肉用料酒、盐腌渍15分钟。

③ 锅中倒油烧热，倒入虾球，西蓝花翻炒，调入盐、味精入味，炒匀即可。

养生功效 提神健脑

适合人群 尤其适合儿童。

福寿四宝虾球

材料 虾仁300克，黄瓜200克，白果、蟹柳各150克，枸杞30克，玉米粒100克，松仁20克

调料 味精1克，盐、料酒各3克，淀粉适量

做法

① 黄瓜洗净分切成块和丁；白果、玉米粒洗净，焯水沥干；蟹柳洗净切段。

② 虾仁用盐、味精、料酒拌匀，水淀粉上浆，倒入热油锅滑炒，盛起。

③ 锅留油烧热，加白果、黄瓜、玉米粒、松仁、蟹柳、虾仁炒匀，加入盐、味精调味即可。

八卦鲜贝

材料 鲜贝400克，西蓝花400克

调料 高汤300克，酱油1克，糖3克，米醋2克，番茄酱10克，盐3克

做法

① 鲜贝洗净备用；高汤加盐下锅煮开，倒入一半鲜贝煮熟，捞出沥干备用；西蓝花洗净掰块，焯水后铺盘。

② 炒锅倒油加热，下入酱油、糖、米醋、番茄酱煮至溶化，倒入剩下的鲜贝翻炒至熟。将按照两种做法做好的鲜贝分别倒入装饰好的盘中即可。

琥珀甜豆炒海参

材料 核桃仁150克，熟白芝麻50克，甜豆350克，北极贝300克，海参200克

调料 糖20克，盐3克，味精1克

做法

① 北极贝洗净沥干；海参泡发，洗净，切条；甜豆摘去老筋，洗净，焯水沥干。

② 锅倒糖烧热，放入核桃仁炒至上糖色捞出，粘上熟白芝麻。

③ 锅中倒油烧热，倒入甜豆煸炒，加入海参、北极贝翻炒。

④ 调入盐、味精入味，撒上核桃仁炒匀即可。

豉椒腊排

材料 腊排骨300克，彩椒150克，豆豉20克

调料 洋葱30克，盐2克

做法

① 将腊排骨洗净，入锅煮至回软，再剁成块；彩椒洗净切块；洋葱洗净切片。

② 锅中注油烧热，下入洋葱爆香，倒入腊排骨和彩椒炒熟。

③ 加盐和豆豉，炒匀入味即可出锅。

养生功效 开胃消食

大厨献招 彩椒要把籽去掉。

香炖排骨

材料 排骨800克，生菜80克

调料 盐、糖、姜片、花椒、八角、葱结、淀粉各适量

做法

① 生菜洗净，装盘里；排骨洗净，剁块，氽水后，捞出。

② 锅内倒油，待油还冷时放糖，将糖炒化，倒入排骨炒匀，放姜片、花椒、八角翻炒出香味后放清水、盐、葱结烧开，炖好，除去葱和香料，勾芡装盘。

养生功效 提神健脑

香辣酥炒排骨

材料 排骨350克，熟白芝麻30克

调料 葱、淀粉各10克，干辣椒20克，盐3克，料酒6克

做法

① 排骨洗净，斩成小段，入开水氽烫后捞出沥干水分；干辣椒洗净；葱洗净，切碎。

② 排骨用盐、料酒、淀粉拌匀，再下入热油锅中炸至金黄色后，捞出。

③ 锅留油烧热，放入干辣椒爆香后，再下入排骨，加入芝麻炒匀，撒上葱花出锅即可。

养生功效 增强免疫

油爆双脆

材料 猪肚、鸡胗各200克，油菜、香菇、火腿片各100克

调料 清汤60克，料酒5克，味精、盐、淀粉各适量

做法

① 猪肚、鸡胗洗净，划上花刀，切块，加盐、淀粉拌匀；香菇泡发洗净，切片；油菜洗净。
② 将清汤、料酒、味精、盐、淀粉拌匀成芡汁。
③ 炒锅加油猪肚、鸡胗炒散后，倒入香菇、火腿炒匀，再加入油菜炒匀，用芡汁勾芡，颠匀，即可。

双笋炒猪肚

材料 小竹笋、芦笋各150克，猪肚200克
调料 盐3克，味精2克，料酒适量

做法

① 小竹笋、芦笋分别洗净，切成斜段；猪肚洗净，切成条，再加料酒腌渍去腥。
② 再将竹笋、芦笋和猪肚分别入沸水中稍烫后，捞出。
③ 原锅加油烧热，下入猪肚炒至舒展后，再加入双笋，一起炒至熟透，加盐、味精调味即可。

养生功效 保肝护肾

爆炒猪肚

材料 猪肚250克，芹菜50克，红椒5克
调料 盐3克，酱油5克，鸡精2克，豆豉辣酱5克

做法

① 猪肚洗净切丝，用盐、酱油、淀粉，抓匀上浆；芹菜洗净留梗切段；红椒洗净切丝。
② 热锅烧油，下肚丝、芹菜、红椒快炒。
③ 放入豆豉辣酱炒出香味，调入盐、酱油炒匀，加入鸡精即可。

养生功效 增强免疫
适合人群 尤其适合女性。

韭芹炒贝尖

材料 韭菜、贝尖各200克，西芹100克

调料 盐3克，香油少许

做法

① 韭菜洗净切段；西芹洗净切细条；贝尖洗净。

② 锅中倒油加热，下入贝尖炒熟，加入韭菜和芹菜同炒，下盐调味。

③ 全部炒熟后出锅，淋上香油即可。

大厨献招 西芹茎部会有老筋，如果嫌它影响口感可以摘除。

杂菇炒鲜贝

材料 滑子菇、鸡腿菇、平菇各100克，鲜贝30克，荷兰豆50克

调料 盐3克

做法

① 将滑子菇、鸡腿菇、平菇、鲜贝洗净，切小块；荷兰豆洗净，切段。

② 锅中加水烧沸，将切好的原料分别焯一下后，捞出沥干。

③ 锅中倒油烧热，放入所有原料，翻炒至熟，调入盐炒匀即可。

尖椒炒河蚌

材料 河蚌350克，红尖椒200克，香菜100克

调料 料酒3克，盐3克，味精1克

做法

① 河蚌洗净，放入开水中煮至开口捞出，取出蚌肉，切成细丝；红尖椒洗净，切斜圈；香菜洗净，切段。

② 锅中倒油烧热，放入红尖椒爆香，再倒入蚌肉、香菜翻炒。

③ 加入盐、料酒、味精，炒至入味即可。

养生功效 养心润肺

辣炒花蛤

材料 花蛤250克

调料 盐3克，红椒20克，姜15克，葱15克，酱油适量，料酒适量

做法

① 将花蛤洗净，放入盐水中吐尽泥沙；红椒、姜、葱洗净，切丝。

② 锅中油烧热，放入红椒、姜、葱炒香，再放入花蛤，爆炒。

③ 最后调入盐、酱油、料酒，炒熟即可。

养生功效 养心润肺

杭椒爆螺肉

材料 螺肉200克

调料 盐3克，红椒、青椒各25克，杭椒20克，酱油适量

做法

① 将螺肉、杭椒洗净；红椒、青椒洗净，切碎。

② 锅中烧热油，放入红椒、青椒、杭椒爆香。

③ 再放入螺肉，调入盐、酱油，炒熟即可。

养生功效 养心润肺

黑椒西葫芦螺片

材料 海螺肉、西葫芦各200克

调料 盐3克，红椒20克，酱油适量，黑椒10克

做法

① 将海螺肉、西葫芦洗净，切片；红椒洗净，去籽，切块。

② 锅中烧热水，放入螺片汆烫片刻；另起锅，烧热油，放入螺片、西葫芦、红椒，翻炒。

③ 调入盐、酱油、黑椒，炒熟即可。

养生功效 养心润肺

第三章

好吃易做的
营养炖菜

双蛋浸芥菜

材料 咸蛋、皮蛋各50克，草菇100克，西红柿30克，芥菜200克

调料 盐2克，香菜3克，高汤600克

做法

① 咸蛋、皮蛋分别去壳切块；草菇、西红柿分别洗净切块；芥菜洗净切段；香菜洗净切碎。

② 锅中倒入高汤煮沸，下入芥菜和草菇煮熟，倒入咸蛋、皮蛋、西红柿再次煮沸。

③ 下入盐调味，撒上香菜即可。

酥肉炖菠菜

材料 猪肉、菠菜各300克

调料 盐3克，鸡精2克，鸡蛋清适量，淀粉20克

做法

① 猪肉洗净，切片，加入盐、鸡蛋清、淀粉拌匀，下入油锅中炸至外皮酥脆即捞出沥油；菠菜摘洗干净，切成段。

② 另起锅加油烧热，放入酥肉稍炒后，倒入高汤炖至熟软，再倒入菠菜煮熟。

③ 加入盐、鸡精调味，起锅即可。

养生功效 补血养颜

农家大炖菜

材料 鸡、胡萝卜、白萝卜、油豆角、玉米各适量

调料 盐3克，料酒5克

做法

① 鸡洗净，剁成块；白萝卜、胡萝卜去皮，洗净，斜切成块；油豆角去筋，洗净，焯水后捞出；玉米洗净，切成小段。

② 锅中倒油烧热，倒入鸡块煸炒至白色后，放入清水和料酒，下入玉米、胡萝卜、白萝卜、油豆角一起炖煮2小时。

③ 待汤收干汁后，加盐调味起锅装盘即可。

丰收一锅出

材料 金瓜100克，玉米300克，排骨300克，豆角100克

调料 葱3克，盐4克，鸡精2克

做法

① 金瓜洗净，去皮切块；玉米洗净切段；排骨洗净剁成块；豆角洗净切段；葱洗净切末。

② 锅中倒水烧热，下入所有原材料，炖约40分钟至熟。

③ 加盐和鸡精调味，撒上葱花即可出锅。

养生功效 增强免疫

杂蘑炖排骨

材料 滑子菇、牛肝菌、平菇各100克，猪排骨350克

调料 香菜、生抽、盐、鸡精、料酒、香油、醋各适量

做法

① 猪排骨洗净，剁成块；牛肝菌洗净，切成片；滑子菇去蒂，洗净；平菇洗净，撕成片；香菜洗净，切段。

② 锅中倒油烧热后，倒入排骨炒至变色后，加入水、料酒烧开，加入醋，炖至排骨软而不烂后，加入菌类，炖至熟透。

③ 加入调味料后，淋上香油，撒上香菜即可。

湘味牛腩煲

材料 牛腩500克，黄瓜300克

调料 生抽、冰糖各6克，料酒5克，盐3克，鸡精1克，豆瓣酱适量

做法

① 牛腩洗净，剁成块，入开水汆烫后捞出；黄瓜去皮，洗净，切段。

② 锅中倒油烧热，放入豆瓣酱炒香后，倒入牛腩块同炒，烹入料酒炒至入味。

③ 加入生抽、冰糖、热水没过牛肉，烧开后将牛肉移入煲内小火炖至稍软，将黄瓜围在四周，加盐调味即可。

炖牛肚

材料 牛肚300克

调料 小茴香3克，料酒、酱油各5克，醋、盐各3克，花椒适量

做法

① 牛肚洗净，放入沸水中略煮片刻，取出，剖去内皮，用凉水洗净，切成长方块。

② 小茴香、花椒装入纱布袋备用。

③ 锅加火烧热，放入牛肚条、药袋，加入酱油、料酒、醋、盐，炖至牛肚熟烂，取出药袋即成。

牛肉米豆腐

材料 牛肉350克，米豆腐350克，黑木耳200克

调料 葱15克，盐3克，生抽、糖各6克，料酒、酱油各5克

做法

① 牛肉洗净，切块，氽烫；米豆腐洗净，切块，放入盐开水中浸泡；黑木耳泡发洗净，撕片；葱洗净，切碎。

② 锅烧热，放牛肉炒至无水后，烹入料酒煸炒，再加入水，煮至牛肉软烂后调味。

③ 放入食材后炖10分钟，撒上葱花即可。

十度小虾炖豆腐

材料 小鲜虾100克，豆腐300克，高汤600克

调料 盐、香菜各3克

做法

① 虾洗净；豆腐洗净切块；香菜洗净切碎。

② 炒锅倒油加热，下入小虾炒至变色，加入高汤烧开。

③ 下入豆腐煮熟，加盐调好味，出锅装碗，撒上香菜即可。

养生功效 提神健脑

适合人群 尤其适合儿童。

火腿白菜

材料 白菜300克，火腿200克

调料 盐3克，鸡精1克，胡椒粉1克

做法

① 白菜洗净切段；火腿洗净切片。

② 锅中倒水烧沸下白菜煮熟，加入火腿。

③ 下盐、鸡精和胡椒粉，稍煮约4分钟即可。

养生功效 排毒瘦身

大厨献招 烹饪白菜时可加入少许醋，味道更好。

适合人群 尤其适合女性。

香菇扒菜心

材料 香菇、油菜心各250克

调料 盐3克，酱油、水淀粉各10克，香油6克

做法

① 香菇去蒂，洗净；油菜心摘洗干净，入开水锅内焯熟后，捞出。

② 将油菜心茎向外，叶向内逐个摆盘。

③ 炒锅倒油烧热，加入水、盐、酱油烧开，倒入香菇，煨至汤汁将尽时，用水淀粉勾芡，倒在油菜心上，淋上香油即可。

养生功效 降压降糖

湘式煮丝瓜

材料 丝瓜500克，红辣椒100克

调料 香油20克，盐6克，味精3克，高汤500克

做法

① 丝瓜去老筋、去皮，洗净切成斜块；红辣椒洗净，切粒。

② 锅烧热放油，油烧热时加辣椒煸炒，炒香后放入丝瓜煸炒至断生。

③ 放入高汤、盐，大火煮开，加入味精调味后，淋上香油装盘即可。

养生功效 降压降糖

适合人群 尤其适合男性。

水豆豉焗冬瓜

材料 水豆豉250克，冬瓜300克

调料 青椒、红椒各15克，盐3克，生抽、香油各5克

做法

1 冬瓜削皮，洗净，切成片；青椒、红椒洗净，切成粒。

2 锅倒入清水，放入冬瓜片烧开，煮至熟而不烂后，加入水豆豉、青椒、红椒粒同煮。

3 待熟后，加入盐、生抽起锅，淋上香油即可。

养生功效 排毒瘦身

适合人群 尤其适合女性。

糟醉南瓜羹

材料 南瓜300克，粳米150克，枸杞10克

调料 糖6克

做法

1 南瓜去皮，洗净，切块；粳米掏洗干净；枸杞洗净。

2 锅倒水烧开，放入南瓜块煮熟后，捞出，捣烂成泥。

3 锅倒入水，加入粳米、枸杞烧开，煮至黏稠后，倒入南瓜泥，加糖调匀，出锅即可。

养生功效 降压降糖

适合人群 尤其适合老年人。

脆绿茄片

材料 茄子、猪肉各300克，青菜100克

调料 盐3克，料酒、葱、蚝油各5克，淀粉20克，高汤500克

做法

1 茄子洗净切成连刀厚片；青菜、葱洗净切碎；猪肉洗净剁泥。

2 肉泥加葱末、料酒拌匀夹入茄片，用淀粉水拌匀，茄片沾匀面糊。

3 锅倒油烧热，茄片入油锅中炸至浮起微黄。

4 高汤注入砂锅，放入茄片、盐、蚝油、青菜煮5～10分钟即可。

咸鱼鸡粒茄子煲

材料 咸鱼粒、鸡肉各200克，茄子300克

调料 盐3克，料酒、醋各6克，淀粉10克，生抽5克，料酒、糖、蚝油各3克，鸡精2克

做法

① 茄子去皮洗净，切段；鸡肉洗净，加入盐、料酒、淀粉拌匀。

② 锅倒油烧热，放入咸鱼粒炸至香酥捞起，再炸茄条至熟透后沥油。

③ 鸡粒回锅翻炒后，放入茄子、咸鱼粒、调味料及少量的水焖片刻。

④ 调入淀粉和醋，移入瓦煲，炖约3分钟即可。

虎皮尖椒煮豆角

材料 尖椒200克，豆角300克

调料 蒜20克，醋10克，糖、酱油各6克，酒5克

做法

① 尖椒洗净，切去两端；豆角洗净切成长短一致的段；醋、糖、酱油、酒兑成味汁。

② 锅烧热，倒入尖椒、豆角分别炸至呈虎皮状，倒油煸炒盛起，

③ 锅中倒油烧热，倒入豆角、尖椒，加入味汁煮熟即可。

养生功效 排毒瘦身

清炖山药排骨

材料 干山药150克，排骨300克，枸杞5克，上海青150克

调料 盐、味精各4克

做法

① 排骨洗净，剁小块，入水氽一会；山药洗净；枸杞泡发；上海青洗净。

② 煮锅上火，放入清水、排骨、山药煲1个小时，加入上海青、枸杞，入盐、味精调味，再煮开，盛盘即可。

养生功效 排毒瘦身

适合人群 尤其适合男性。

翠塘豆腐

材料 豆腐200克，青菜100克，虾仁150克

调料 盐3克，淀粉15克，红椒20克

做法

① 将豆腐洗净，切丁；青菜、红椒洗净，切碎；虾仁洗净，切碎。

② 锅中倒油烧热，放入豆腐、青菜、虾仁、红椒，煮至八成熟。

③ 再调入盐，最后用淀粉水勾芡即可。

养生功效 排毒瘦身

大厨献招 豆腐易碎，煮时要注意力度。

砂锅豆腐

材料 海参、鱿鱼、虾仁各50克，白菜、火腿各100克，豆腐300克，粉丝30克

调料 盐3克，葱末2克

做法

① 海参洗净切片；鱿鱼、白菜、火腿分别洗净切片，打上花刀；虾仁洗净；豆腐洗净切块；粉丝泡发后沥干。

② 锅中倒水烧热，下入所有原材料煮熟。

③ 加盐调味，出锅撒上葱末即可。

养生功效 益气补虚

东北浓汤大豆皮

材料 大豆皮200克，肥肉100克

调料 盐3克，红椒20克，高汤300克

做法

① 将大豆皮、肥肉、红椒洗净，切条。

② 锅中加油烧热，放入大豆皮、肥肉、红椒翻炒至熟。

③ 倒入高汤，煮至熟软，最后调入盐即可。

养生功效 养心润肺

大厨献招 因为肥肉会出油，所以不用再加太多的油。

野菌煲

材料 香菇、竹笋各200克，平菇100克，高汤500克

调料 盐2克，红枣、枸杞各5克

做法

1 香菇、平菇分别洗净切块；竹笋洗净切片；红枣、枸杞分别洗净。

2 锅中倒入高汤烧开，下入香菇、平菇、红枣、枸杞煲熟。

3 下盐调味，再次煮沸后即可出锅。

养生功效 排毒瘦身

扬州煮干丝

材料 豆干400克，火腿100克，干虾仁50克，青菜50克，高汤适量

调料 猪油30克，盐2克，料酒3克

做法

1 将豆干洗净，切细丝，放入加了盐的沸水中焯烫后捞出沥干；青菜、虾仁分别洗净；火腿洗净，切丝。

2 锅烧热，放猪油融化，加高汤，下干丝烧沸，加盐和料酒煮至干丝涨发。

3 下青菜和虾仁煮熟，将干丝连汤倒在汤盆里，撒上火腿丝即可。

青菜豆花

材料 青菜350克，豆花400克，榨菜100克

调料 盐3克

做法

1 青菜摘洗干净，切碎；榨菜洗净，切碎。

2 锅倒水烧开，加入盐，倒入豆花搅散后，倒入青菜碎煮至软。

3 起锅后淋上香油，撒上榨菜即可。

养生功效 提神健脑

大厨献招 水开后再加盐，要用文火煮青菜，可保存菜里的维生素C。

三菇豆花

材料 香菇、草菇、平菇各50克，豆花300克

调料 葱5克，干辣椒、青椒各10克，酱油3克，盐、蚝油各2克

做法

① 三菇分别洗净切块；葱、干辣椒分别洗净切段；青椒洗净切片。

② 锅中倒油烧热，下入三菇炒熟，下葱段、干辣椒、青椒炒匀。

③ 下盐、酱油和蚝油调味，加适量水煮开，下入豆花煮沸即可。

养生功效 排毒瘦身

银锅金穗排骨

材料 玉米200克，排骨350克

调料 洋葱、盐各5克，辣椒10克，红油20克

做法

① 玉米洗净切块；排骨洗净剁块，抹盐腌至入味；洋葱洗净切丝；辣椒洗净切碎。

② 锅中倒油烧热，下入排骨炒至断生，再下入玉米，加水煮熟。

③ 下盐和辣椒调味，倒入红油，撒上洋葱丝即可。

养生功效 益气补虚

黄豆猪蹄煲

材料 黄豆200克，猪蹄300克，生菜20克

调料 葱花、黄豆酱各3克，生抽、老抽各适量，冰糖2克，茴香1克

做法

① 猪蹄洗净剁大块，入沸水氽熟备用；黄豆、生菜分别洗净沥干。

② 锅中倒油烧热，下入猪蹄，加生抽、老抽、黄豆酱翻炒上色，加入黄豆、冰糖和茴香，倒入适量水，焖煮至汁水将干。

③ 生菜洗净，垫在碗底，倒入黄豆猪蹄，撒上葱花即可。

腊八豆猪蹄

材料 猪蹄250克，油菜150克，腊八豆50克
调料 盐3克，葱20克，酱油适量，冰糖10克

做法

① 将猪蹄洗净，切块；油菜洗净；葱洗净，切碎。

② 锅中烧热水，放入猪蹄汆烫片刻，捞起。另起锅，油烧热，放入酱油、冰糖炒溶。

③ 放入猪蹄，倒入水焖煮，再放入油菜、腊八豆炒熟，最后调入盐，撒上葱花即可。

养生功效 增强免疫

醋香猪蹄

材料 猪蹄300克，黄豆50克
调料 盐3克，醋15克，老抽10克，红油少许

做法

① 猪蹄刮洗干净，切块；黄豆洗净，浸泡，煮熟装入碗中待用。

② 锅内注水烧沸，放入猪蹄煮熟后，捞起沥干装碗，再加入少量盐、醋、老抽、红油拌匀腌渍30分钟后，捞起装盘。向装黄豆的碗中加剩余的盐、醋、老抽、红油拌匀，装盘即可。

养生功效 增强免疫

卤煮火锅

材料 猪肠、豆腐、牛肉各200克，烧饼150克
调料 鲜汤200克，酱油10克，盐3克，味精2克，料酒、香油各适量

做法

① 猪肠洗净，切成小段；豆腐焯水后，切成长条状；烧饼撕成片；牛肉切成厚片。

② 砂锅加入鲜汤、酱油、料酒煮开，加入猪肠、牛肉、豆腐用慢火炖熟后，放入烧饼略煮片刻。

③ 加入盐、味精调味，盛盘淋入香油即可。

话梅花生

材料 花生仁300克，话梅20克
调料 盐2克

做法

①花生仁洗净；话梅用水浸泡约半小时。
②锅中倒水加热，下入花生煮到八成熟。
③倒入话梅汁，大火煮沸，转小火焖煮，至锅中汁水快干时即可出锅。

养生功效 开胃消食
大厨献招 如果觉得话梅过酸，也可加入少许糖调味。
适合人群 尤其适合女性。

话梅芸豆

材料 芸豆300克，话梅20克
调料 盐2克

做法

①芸豆洗净；话梅用水浸泡约半小时。
②锅中倒水加热，下入芸豆煮到八成熟，捞出沥干。
③将芸豆和话梅汁重新倒入锅中，煮沸后转小火焖煮入味，即可出锅。

养生功效 开胃消食
适合人群 芸豆先用水浸泡约半小时，更易入味。

红焖排骨

材料 猪排骨750克
调料 盐3克，酱油、花椒、干辣椒、八角各10克，糖6克，料酒5克，味精1克

做法

①排骨洗净剁块，氽水后捞出；干辣椒洗净，切段。
②锅加水烧开，放入所有调味料，再次煮开后，放入排骨。
③煮至排骨软烂，变成红色即可。

养生功效 益气补虚
大厨献招 煮排骨时要注意用小火焖煮。

麻婆辣仔排

材料 豆腐400克，排骨200克

调料 豆瓣酱8克，葱、豆豉各3克，花椒粉10克，辣椒粉6克，淀粉少许，高汤500克

做法

① 豆腐洗净切块，焯水后捞出沥干；排骨洗净剁块；葱洗净切碎。

② 锅中倒油烧热，下入豆瓣酱、豆豉炒香，再下入排骨炒熟，加入高汤烧开。

③ 最后加入豆腐，煮10分钟后，撒上花椒粉、辣椒粉、葱末，再以淀粉水勾芡即可。

白菜木耳烩丸子

材料 白菜200克，木耳100克，肉丸子300克，胡萝卜10克

调料 胡萝卜10克，盐2克，酱油2克，淀粉5克

做法

① 白菜洗净切段；木耳泡发后洗净撕成块；胡萝卜洗净，去皮切块；淀粉加水拌匀。

② 炒锅倒油烧热，下入白菜、木耳和胡萝卜，加盐炒熟，下入肉丸子，加适量水焖煮。

③ 煮熟后倒入酱油和淀粉水勾芡，稍焖片刻即可出锅。

砂锅焗排骨

材料 排骨400克，香菇50克

调料 青椒、红椒各5克，香菜3克，盐3克，酱油2克，老抽2克

做法

① 排骨洗净剁块；香菇洗净；青椒、红椒分别洗净切块；香菜洗净切碎。

② 炒锅倒油加热，下入排骨炒熟，加入香菇、青椒、红椒炒匀，加盐、酱油和老抽炒入味。

③ 倒入适量水，焖煮至汁水快干时出锅，撒上香菜即可。

臭豆腐排骨煲

材料 臭豆腐200克，排骨350克

调料 大蒜8克，红椒5克，盐2克，酱油3克

做法

① 排骨洗净剁成块；臭豆腐切块；大蒜洗净去皮；红椒洗净切块。

② 锅中倒油烧热，下红椒和大蒜爆香，加入排骨炒熟，加盐调味。

③ 倒入臭豆腐，加酱油和适量水焖煮至熟即可。

养生功效 开胃消食

大厨献招 焖煮至臭豆腐膨胀起来之后即可出锅。

丰收排骨

材料 猪肉100克，排骨、玉米各300克

调料 红辣椒、青辣椒各10克，盐2克，冰糖5克，老抽、酱油各3克

做法

① 猪肉洗净切片；排骨洗净剁成大段；玉米洗净，煮熟；红辣椒、青辣椒洗净切碎。

② 锅中倒油加热，下入猪肉和排骨煎熟，倒入红辣椒、青辣椒翻炒，下调味料，焖煮至熟。

③ 玉米切四瓣，和排骨间隔摆在盘周围，猪肉装入碗中，倒扣在盘中央即可。

虎皮腰花

材料 猪腰350克

调料 葱15克，红椒10克，蒜、酱油、香油、醋各5克，糖、胡椒粉各3克，味精2克，淀粉6克

做法

① 猪腰洗净，划十字刀切块；葱、红椒洗净切丝；蒜洗净切碎。

② 酱油、糖、蒜、味精、胡椒粉、香油、醋、淀粉，调成味汁。

③ 锅倒油烧热，倒入腰花炒至八成熟，调入味汁，煮6分钟，撒上葱丝、红椒丝即可。

豆花肥肠

材料 豆花300克，猪肠500克

调料 花椒、盐、糖、姜、葱各3克，十三香5克，味精1克，蒜4克，高汤300克，料酒5克

做法

① 猪肠洗净切成段；花椒、葱、姜、蒜洗净切碎。

② 锅倒油烧热，放入花椒、姜、葱、蒜爆香，倒入猪肠煸炒，加入料酒、高汤烧沸。

③ 放入豆花煮至入味，调入盐、糖、十三香、味精，撒上葱花即可。

养生功效 增强免疫

虎皮蛋肥肠煲

材料 鹌鹑蛋、肥肠各300克

调料 青椒、红椒各30克，老抽6克，料酒、大料、桂皮各5克，盐、花椒、香叶各3克，淀粉10克

做法

① 肥肠洗净；青椒、红椒洗净切块；鹌鹑蛋煮熟去壳，粘上淀粉，入油锅炸成虎皮状。

② 锅加水，放入肥肠和调味料煮至肠熟后切段，锅倒油烧热，加入青椒、红椒、姜、蒜爆香，倒入肥肠翻炒出锅。

③ 砂锅加水，炖虎皮蛋、肥肠40分钟即可。

椒香扒肥肠

材料 猪大肠250克

调料 盐3克，蒜、葱各20克，红椒25克，酱油、醋各适量

做法

① 将猪大肠洗净；蒜、葱、红椒洗净，切碎。

② 锅中油烧热，放入蒜、葱、红椒爆香，再放入猪肠。

③ 最后调入盐、酱油、醋，煮熟即可。

养生功效 防癌抗癌

大厨献招 如果不喜欢醋的味道，可以少放点。

酸菜大肠煲

材料 酸菜300克，猪大肠350克

调料 白胡椒粉15克，红泡椒20克，味精2克

做法

① 猪大肠洗净，切成段，入开水汆烫后捞出；酸菜洗净，切成丝。

② 锅倒入清水，放入猪大肠煮至40分钟左右后，加入酸菜、红泡椒煮滚。

③ 再加入白胡椒粉、味精调味，出锅即可。

洋葱肥肠煲

材料 猪大肠300克，豆腐皮、洋葱各100克

调料 姜片15克，葱白段10克，盐3克，酱油5克，糖4克，淀粉20克

做法

① 猪大肠用盐搓洗干净，切段；豆腐皮洗净切片；洋葱洗净切块；淀粉加水拌匀。

② 锅中倒油烧热，下入酱油和糖炒匀，倒入猪大肠炒上色，加入豆腐皮和洋葱炒熟。

③ 倒入葱白、姜片、盐炒匀后倒入淀粉水勾浓芡，焖煮至入味即可。

招牌煮猪肚

材料 猪肚300克，粉丝、空心菜各200克

调料 香菜30克，红椒20克，料酒、酱油、醋各5克，味精1克，红油6克，糖、盐各3克

做法

① 猪肚洗净，切段；粉丝泡软；空心菜洗净，切段；香菜洗净，切段；红椒洗净，切圈。

② 锅中倒入水，放入猪肚、料酒烧开后，煮至七成熟时，加入粉丝煮软，放入空心菜煮至断生。

③ 熟后加入调味料，撒上香菜、红椒圈，出锅即可。

钵钵羊肉肥牛

材料 羊肉、肥牛各250克，莴笋50克
调料 香菜15克，辣椒粉10克，盐3克

做法

① 将羊肉、肥牛洗净，切片；莴笋洗净，去皮，切丝；香菜洗净，切段。

② 炒锅入油烧热，下入辣椒粉炒香，再加羊肉、肥牛、莴笋丝一起翻炒至水分全干。

③ 掺入适量水，煮至各材料均熟，调入盐，撒上香菜即可。

养生功效 增强免疫

酸菜莴笋煮牛肉

材料 酸菜250克，莴笋300克，牛肉、香菜叶各适量
调料 红泡椒30克，姜片15克，料酒5克，白胡椒粉3克，盐4克

做法

① 酸菜洗净，切段；莴笋去皮洗净，切片；牛肉洗净，切片；香菜洗净。

② 锅中倒油烧热，放入牛肉炒熟；另起锅倒入清水，加入姜片、红泡椒、料酒，放入酸菜烧开后，加入莴笋片煮熟，牛肉回锅煮至汤浓。

③ 加入白胡椒粉、盐，撒上香菜叶起锅即可。

香菜牛肉丸

材料 牛肉300克，青菜、香菜各200克
调料 盐3克，味精2克，淀粉10克，生抽5克，糖、红醋各6克

做法

① 牛肉洗净，剁成泥；香菜洗净，切碎；青菜择洗干净，焯烫。

② 牛肉装碗，加入盐、味精、糖、水、淀粉、香菜碎，搅打至起胶后，用手挤成丸子。

③ 锅倒水烧热，放入牛肉丸、盐、生抽、糖、红醋，以小火煮至熟后，放入青菜略煮片刻即可。

百味一锅香

材料 牛毛肚150克，腐竹50克，黑木耳、竹笋各20克，黄喉15克

调料 盐3克，干椒15克，高汤200克

做法

1. 牛毛肚、黄喉均洗净，切块；腐竹、黑木耳一起泡发，洗净，切成小段；竹笋洗净切条；干椒洗净。

2. 炒锅中倒油烧热，放入干椒爆炒，再加入牛毛肚、腐竹、竹笋、木耳、黄喉一起翻炒均匀。

3. 加入高汤，煮至汁水将干时，调入盐即可。

牛肉酱焖小土豆

材料 牛肉350克，土豆400克

调料 青椒块、红椒块、豆瓣酱、盐、料酒、淀粉各适量

做法

1. 牛肉洗净切块，用盐、料酒、淀粉拌匀，腌渍20分钟；土豆去皮，洗净。

2. 锅中倒油烧热，将土豆煎到金黄色；另起锅倒入豆瓣酱炒至出红油，倒入牛肉翻炒2分钟后，注入水、土豆回锅，盖上盖子大火加热至沸腾，转中小火焖45分钟。

3. 放入青椒、红椒翻拌均匀即可起锅。

黄瓜牛肉

材料 牛肉、黄瓜各300克，胡萝卜、百合各100克

调料 生抽5克，淀粉6克，盐3克

做法

1. 牛肉洗净，切片，用生抽、淀粉、油拌匀；黄瓜削皮，洗净，切小块；百合洗净；胡萝卜去皮，洗净，切片。

2. 锅倒水烧开，放入牛肉片、黄瓜滚熟，然后加入胡萝卜、百合煮至熟。

3. 加入盐、生抽调味，起锅即可。

爽口牛肉

材料 牛肉350克，酸菜200克

调料 姜、蒜各20克，葱、青椒、红椒各15克，料酒5克，盐3克，味精、胡椒粉各2克，香油5克，鸡汤200克

做法

1 牛肉、姜洗净，切片；大蒜去皮洗净；葱、辣椒洗净，切成细丝；酸菜洗净，切段。

2 砂锅倒入鸡汤，下入姜片、蒜、牛肉烧沸，再加入料酒，牛肉八成熟后放入酸菜同煮。

3 加入盐、味精、胡椒粉煮熟后，放入香油、葱丝、青椒、红椒丝即可。

椒香高汤百叶

材料 牛百叶250克，红椒、青椒各25克

调料 盐4克，花椒25克，高汤500克

做法

1 将牛百叶洗净，切块；红椒、青椒洗净，切碎；花椒洗净。

2 锅中倒入高汤，烧热，放入牛百叶、红椒、青椒、花椒，稍煮片刻。

3 调入盐、油，煮熟即可。

养生功效 开胃消食

牛筋炖土豆

材料 牛筋350克，土豆350克

调料 葱15克，辣椒酱15克，高汤300克，酱油15克，盐3克，料酒10克，糖5克，味精1克

做法

1 牛筋洗净，切块，汆水；土豆去皮，洗净，切成块；葱洗净，切碎。

2 高压锅加水，倒入牛筋，炖烂后取出。

3 锅倒油烧热，倒入辣椒酱炒至出红油，加入高汤、酱油、盐、料酒、糖，再放入牛筋、土豆，炖至土豆酥烂，放入味精、葱花即可。

焖牛肚

材料 牛肚400克

调料 辣椒酱5克，盐2克，淀粉3克，蒜末3克

做法

① 牛肚洗净，切块；淀粉加水拌匀。

② 锅中倒油烧热，下入蒜末炒香，倒入牛肚炒熟。

③ 加入盐和辣椒酱调味，加适量水，焖煮至牛肚软烂后，用水淀粉勾芡即可出锅。

养生功效 补脾健胃

适合人群 尤其适合男性。

牛肋骨火锅

材料 牛肋骨500克，鱼丸200克，洋葱50克，大白菜、生菜各300克，西洋参75克，红枣、枸杞各30克

调料 鲜汤350克，料酒10克，盐3克

做法

① 牛肋骨洗净斩节，汆水；大白菜、生菜、鱼丸洗净；洋葱洗净，切块；西洋参、枸杞洗净；红枣泡发，洗净。

② 锅倒入鲜汤、牛肋骨、鱼丸、西洋参、红枣、枸杞、料酒，待排骨烧熟后，放入大白菜、生菜、洋葱煮开。

③ 加入盐即可。

莴笋牛蹄筋

材料 牛蹄筋400克，莴笋100克

调料 泡椒10克，盐3克，醋、酱油、糖各2克

做法

① 牛蹄筋洗净切块；莴笋洗净切块。

② 锅中倒油烧热，下入糖、醋和酱油炒至糖溶化，加入牛蹄筋炒匀。

③ 下入泡椒和莴笋、盐炒匀，倒入适量水，焖煮至牛蹄筋熟软即可。

养生功效 补血养颜

大厨献招 牛蹄筋不易熟，焖煮时间可以长些。

羊肉烩菜

材料 羊肉500克，冻豆腐块200克，胡萝卜块100克，粉丝150克

调料 盐5克，花椒4克，酱油8克，葱花、香菜段、芹菜段各10克

做法

① 羊肉洗净，切块，余水后捞出；粉丝用温水泡发。

② 油锅烧热，下羊肉，加盐、花椒、酱油，翻炒均匀。

③ 另起锅入汤，加冻豆腐、胡萝卜、羊肉炖煮，加盐、粉丝，撒上葱花、香菜、芹菜即可。

姜汁羊肉

材料 羊肉400克

调料 姜50克，葱20克，盐3克，醋、料酒、酱油、鲜汤、味精各适量

做法

① 姜、葱均洗净，切末。

② 用部分姜末、醋、盐、味精、酱油加适量鲜汤调成汁。

③ 羊肉洗净，放入清水锅中，加入料酒、剩余姜、葱末，煮熟，凉冷切片，摆入碗中，浇上汤汁即可。

养生功效 补血养颜

白切东山羊

材料 羊肉500克，黄瓜100克

调料 盐5克，桂皮、八角各10克，姜5克，料酒10克

做法

① 整块羊肉入水浸泡1小时，去除血水；黄瓜洗净切条，焯水待用。

② 羊肉捞出放入锅内，加适量清水，以大火烧开。

③ 下盐、桂皮、八角、姜、料酒，焖烧2~3小时，捞出冷却后切成薄片；将黄瓜条放进盘底，上面铺上羊肉片即可。

虾酱羊肉

材料 羊肉400克，虾酱40克，油菜100克

调料 盐3克，味精1克，醋8克，生抽10克，香油15克

做法

① 羊肉洗净，切长块；油菜洗净，用热水焯熟，排于盘中。

② 锅内注水，下羊肉煮至熟后，捞起装入排有油菜的盘中。

③ 用盐、味精、醋、生抽、虾酱、香油调成酱料，食用时蘸酱即可。

手抓羊肉

材料 羊肉500克，生菜适量

调料 盐、酱油、香油、辣椒酱、葱末、蒜蓉、葱白丝、红椒丝、香菜段各适量

做法

① 生菜洗净，入盘垫底；羊肉洗净，剁成大块，入沸水锅中煮熟，放在生菜上，撒上葱白、红椒丝、香菜。

② 辣椒酱与葱末、蒜蓉放入碗中，加入盐、酱油、香油调匀，做成味汁。

③ 羊肉与味汁一起端上桌即可。

蒜香羊头肉

材料 蒜20克，羊头肉250克

调料 盐6克，香油10克，花椒5克，丁香5克，砂仁5克

做法

① 羊头肉洗净，放开水中氽熟，捞起沥水；蒜剁成泥。

② 锅下油烧热，将蒜泥、盐、花椒及丁香、砂仁爆香，下羊肉滑熟，盛出晾凉，切片待用；将羊头肉片装盘，淋香油即可。

养生功效 开胃消食

水盆羊肉

材料 羊肉300克，粉丝、香菜各200克，黑木耳150克

调料 盐5克，醋3克，味精4克，生抽适量

做法

① 羊肉洗净，切成片，入开水氽烫后捞出；香菜洗净，切段；黑木耳泡发，洗净，撕成片；粉丝泡水，备用。

② 锅倒水，放入羊肉片煮至熟后，盛起；砂锅倒水，加入粉丝煮至软，羊肉回锅烧开，放入黑木耳煮熟。

③ 最后加入香菜略煮，加入盐、葱花等即可。

如意一品羊杂

材料 羊肚、羊肺、羊肝、油菜各100克，水发木耳50克

调料 红辣椒10克，盐3克，鸡精1克，高汤600克

做法

① 羊肚、羊肺、羊肝均洗净，切片；油菜择好洗净；水发木耳洗净，撕成小块；红辣椒洗净切片。

② 锅中倒入高汤烧开，下入全部原材料煮熟。

③ 加入红辣椒、盐、鸡精调味即可。

酸汤嫩兔肉

材料 兔肉500克，白萝卜300克，青椒、红椒各20克

调料 泡椒30克，糖6克，醋10克，盐3克，料酒、蛋液、淀粉各适量

做法

① 兔肉洗净，切片，加料酒、蛋液、淀粉、盐拌匀；白萝卜去皮洗净，切片；青椒、红椒去蒂，洗净，切段。

② 锅中倒油烧热，倒入兔肉炒至发白后捞出；另起锅倒入水，放入白萝卜片，加入泡椒烧开后，兔肉回锅，加入青椒、红椒段煮一会儿。

③ 加糖、醋、盐即可。

油淋土鸡

材料 鸡450克，辣椒丝10克

调料 卤水200克，香菜段、酱油、香油、花椒各10克

做法

① 鸡洗净，余水后沥干待用。

② 煮锅加卤水烧开，放入整鸡，大火煮10分钟，熄火后再焖15分钟，捞出待凉后，斩块装盘。

③ 油锅烧热，爆香花椒、辣椒丝，加酱油、香油炒匀，出锅淋在鸡块上，再撒上香菜即可。

嘉州红焖乌鸡

材料 乌鸡350克，鱼丸200克

调料 干椒10克，葱白10克，料酒5克，醋5克，老抽3克，盐3克

做法

① 净乌鸡洗净剁成块，余水后捞出；葱白洗净切段；干椒洗净切碎；鱼丸洗净。

② 锅中倒油烧热，下入干椒爆香，倒入鸡块煸炒至变色后，加入料酒、醋、老抽翻炒，然后倒入开水、鱼丸煮至熟。

③ 加入盐调味，撒上葱段即可。

当归香口鸡

材料 鸡350克，当归20克，西蓝花150克

调料 盐3克，酱油适量，葱20克，陈醋10克，高汤适量

做法

① 鸡洗净；当归洗净；葱洗净，切碎；西蓝花洗净，切成朵，入沸水中焯熟。

② 将鸡肉、当归放入锅中加适量水煮熟，然后把鸡拿出，切块。

③ 将盐、酱油、陈醋、高汤调成调料，淋在鸡肉、当归上，撒上葱，以西蓝花围边即可。

茶树菇土鸡煲

材料 茶树菇150克，土鸡肉400克，红枣50克，枸杞30克

调料 盐5克，料酒适量

做法

① 将茶树菇洗净，切段；土鸡肉洗净，切块，放入盐、料酒腌至入味；红枣、枸杞洗净。

② 煲中倒入水烧热，再放入所有原材料，煮熟。

③ 最后调入盐即可。

养生功效 益气补虚

醋椒农家鸡

材料 净鸡500克

调料 醋、淀粉各6克，姜5克，泡红辣椒20克，盐、酱油各3克，鸡精1克，高汤600克

做法

① 鸡洗净切成宽条，用鸡精、淀粉、盐拌匀入味；泡红辣椒、姜洗净切碎。

② 锅中倒油烧热，加入泡红辣椒炒香，倒入高汤、姜、酱油、醋调匀，倒入鸡肉，煮至变色。

③ 调入盐、鸡精煮至入味即可。

养生功效 开胃消食

红焖土鸡

材料 净土鸡600克

调料 料酒、盐各3克，姜、生抽、老抽各5克，蒜、辣椒酱各10克，糖6克

做法

① 土鸡洗净切块；姜洗净切片；蒜洗净分成瓣。

② 鸡块用姜、料酒、盐、生抽抓匀，腌渍入味；锅中倒油烧热，放入辣椒酱爆香，放入鸡块煸炒至肉收缩，倒入水，焖煮至肉酥。

③ 加入蒜、盐、糖、老抽煮至入味即可。

腊鸡白菜

材料 腊鸡100克，大白菜梗200克，红椒、青椒各20克

调料 盐3克，高汤适量

做法

1 将腊鸡洗净，切条；大白菜梗洗净，切条；红椒、青椒洗净，去籽，切条。

2 锅中油烧热，放入腊鸡、大白菜梗、青椒、红椒炒至变色后，加入高汤烧煮。

3 待熟后调入盐即可。

养生功效 增强免疫

适合人群 尤其适合女性。

农夫甜水鸡

材料 鸡350克，香菇、莴笋各200克，香菜30克

调料 红泡椒60克，姜片10克，盐3克，味精2克，矿泉水适量

做法

1 鸡洗净剁块后氽水；香菇洗净，切块；莴笋去皮洗净，切块；香菜洗净，切段。

2 锅中加油烧热，下入泡椒、姜片炒香后，再下入鸡肉、香菇、莴笋一同翻炒，变色后加入矿泉水煮。

3 加入盐、味精煮至入味，撒上香菜即可。

川椒红油鸡

材料 鸡肉400克，红辣椒30克

调料 葱5克，盐3克，红油20克，花椒15克，酱油10克

做法

1 鸡肉洗净；红辣椒和葱分别洗净切碎；花椒洗净备用。

2 锅中注水烧开，下入鸡肉煮至熟后，捞出切成块。

3 净锅倒油加热，下入红辣椒和花椒炒香，再加入盐、酱油、葱花和红油，放入鸡肉稍煮至入味即可。

养生功效 补血养颜

川味香浓鸡

材料 鸡肉300克

调料 辣椒、白芝麻、葱各4克，红油15克，盐3克

做法

① 鸡肉洗净，加盐腌入味；辣椒和葱分别洗净切碎。

② 锅中注水烧开，下入鸡肉煮熟后捞出沥干，切成大块，盛入碗中。

③ 红油加热后倒入碗中，撒上白芝麻、辣椒和葱即可。

香口跳水鸡

材料 鸡肉350克，蒜薹、香菇、红椒、青椒各适量

调料 酱油10克，盐3克，蛋清、淀粉各适量

做法

① 鸡肉洗净，切成条，用盐、鸡蛋清、淀粉拌匀；蒜薹洗净，切成段；青椒、红椒洗净，切碎；香菇洗净，切成条。

② 锅中倒油烧热，将鸡肉条炸至八分熟时捞出；另起锅加入清水，鸡肉条回锅，放入香菇、蒜薹、青椒、红椒碎用旺火烧沸。

③ 待熟后，加入酱油、盐调味，出锅即可。

香辣竹笋鸡

材料 肉、竹笋各300克，红椒、青椒各20克

调料 葱、蒜各15克，辣椒油10克，盐、糖各3克

做法

① 鸡肉洗净，切块；竹笋洗净，切条；青椒、红椒洗净，切段；葱洗净，切碎；蒜洗净。

② 锅中倒油烧热，放入鸡块快速翻炒一会儿后，加入竹笋炒匀，倒入水、蒜、红椒、青椒焖煮至熟。

③ 加入辣椒油、盐、糖、葱花调味，出锅即可。

养生功效 补脾健胃

野山椒煨鸡

材料 鸡肉400克，野山椒20克

调料 红辣椒10克，大蒜5克，盐2克，酱油3克

做法

① 鸡肉洗净剁块，加盐拌匀腌渍；野山椒、红辣椒分别洗净切段；大蒜洗净切粒。

② 锅中倒油烧热，下入鸡肉炒至变色，加入野山椒和红辣椒炒熟。

③ 下大蒜、盐和酱油炒入味，加适量水焖煮至鸡肉熟软，即可出锅。

养生功效 开胃消食

干菜土鸡锅

材料 干菜、玉米各300克，净土鸡350克

调料 辣椒酱5克，辣椒油、红辣椒、盐各3克，鸡精1克

做法

① 干菜泡发，洗净，切段；玉米洗净，切成大块；土鸡洗净剁块，余水沥干。

② 锅倒辣椒油烧热，下入辣椒酱、红辣椒爆炒出红油，倒水烧沸，放入土鸡块、干菜、玉米炖煮30分钟。

③ 待玉米和鸡肉熟后，调入盐、鸡精即可。

小笨鸡炖野山菌

材料 童子鸡350克，滑子菇、平菇、草菇各200克

调料 香菜30克，红椒20克，料酒、醋、糖、盐各适量

做法

① 童子鸡洗净，剁块，余烫；滑子菇、草菇、平菇洗净，撕片；香菜、红椒洗净，切段。

② 锅倒油烧热，放入鸡翻炒至鸡肉变色，烹入料酒炒香后，倒入开水烧至沸腾后，放入滑子菇、平菇、草菇炖煮。

③ 加入调味料调味，炖40～50分钟，收汤汁，撒上香菜、红椒段即可。

香水鸡胗

材料 鸡胗350克

调料 香菜20克，红椒15克，酱油5克，生抽5克，蚝油3克，糖3克，盐3克

做法

① 鸡胗洗净，切小薄片；香菜洗净，切碎；红椒洗净，切成小粒。

② 锅倒油烧热，倒入鸡胗翻炒至七分熟后，加入开水炖煮。

③ 加入酱油、蚝油、生抽、糖、盐煮至熟后，撒上香菜碎、红椒粒出锅即可。

养生功效 开胃消食

辣味煮鸡爪

材料 鸡爪300克，红辣椒5克，山椒20克

调料 姜片、白醋各5克，料酒、花椒、八角各适量，盐6克

做法

① 鸡爪洗净切块，去趾甲，放入锅中，加入水、姜、料酒、花椒、八角和少许盐，大火煮开。

② 将洗净的红辣椒和山椒加入锅中，再加入白醋和盐，焖煮35分钟左右。

③ 捞出鸡爪放凉，取适量辣椒装饰即可。

养生功效 补血养颜

宅门鸡

材料 鸡500克，花生米30克，熟芝麻10克

调料 盐、香油、红油、葱花各适量

做法

① 水锅烧开，加盐、香油、红油调匀成味汁；鸡洗净，入沸水锅中煮熟后捞出，切块；花生米洗净去皮，入油锅炸熟后置于鸡块上。

② 将味汁淋在鸡块上，撒上葱花、熟芝麻即可。

养生功效 增强免疫力

适合人群 尤其适合男性。

梅子鸡翅

材料 鸡翅5个，紫苏梅7颗

调料 米酒8克，酱油6克，冰糖5克，葱花3克，姜片5克，九层塔适量，枸杞子10克

做法

① 鸡翅洗净备用。

② 热锅爆香葱花、姜片，再加入鸡翅炒至金黄色；加入紫苏梅及米酒、酱油、冰糖和适量水，以小火焖煮至收干汤汁，加入枸杞子、九层塔即可。

养生功效 补血养颜

红烧鸡翅

材料 鸡翅3个

调料 姜片、胡椒粉、盐、生抽、料酒、醋各5克，白糖3克，淀粉8克，红辣椒1个，蒜片6克，葱花3克

做法

① 鸡翅洗净，切块；红辣椒洗净切菱形片。

② 鸡翅加少许盐、胡椒粉、料酒腌渍约5分钟；锅中油烧热，下鸡翅炸至金黄，捞起沥干。

③ 锅中留油，加入蒜片、姜片、葱花爆香，放入鸡翅，调入盐、生抽、料酒、醋、白糖、淀粉、红椒片，加水煮至熟透即可。

湘西土匪鸭

材料 鸭500克

调料 蒜20克，红椒30克，高汤200克，盐3克，鸡精1克，料酒、酱油各5克

做法

① 鸭洗净，剁成块，入水汆烫后捞出；蒜洗净，切小块；红椒去蒂，洗净，切斜段。

② 锅倒油烧热，下入鸭块，小火煸炒8～10分钟，然后倒入高汤，大火烧开约5分钟。

③ 放入酱油、盐、料酒、蒜块、红椒，用小火炖至鸭块软烂入味后，加入鸡精，起锅即可。

芥末鸭掌

材料 鸭掌300克

调料 盐4克，芥末酱、料酒、醋各适量，红椒、姜各15克，葱20克，白糖3克

做法

① 将鸭掌洗净，切去趾甲；红椒、姜洗净，切丝；葱洗净，切段。

② 锅中烧热适量清水，放入鸭掌，下入料酒、葱、姜，煮熟，取出鸭掌，放入碟中。

③ 另起锅，烧热油，放入盐、芥末酱、醋、白糖，炒热，淋在鸭掌上，撒上红椒丝即可。

口水板栗鸭煲

材料 板栗200克，鸭肉500克

调料 青椒、红椒、洋葱、红油各10克，香菜、盐、生抽各3克，糖2克

做法

① 板栗取果肉洗净；鸭肉洗净切块；青椒、红椒、洋葱分别洗净切块；香菜洗净切段。

② 锅中倒水烧热，下入鸭肉氽水，捞出沥干。

③ 瓦煲加水、鸭肉、板栗肉烧开，转中火炖约半小时，加入所有调味料，拌匀入味即可。

青花椒仔鸭

材料 仔鸭1只，青花椒50克

调料 盐、味精各3克，酱油、辣椒、葱段、姜片、料酒、红油、高汤各适量

做法

① 仔鸭洗净，放盐、味精、酱油腌渍30分钟；辣椒洗净切成小片。

② 砂锅内放入高汤、仔鸭、葱、姜、料酒，旺火煮开，再小火煨熟。

③ 油锅烧热，下入青花椒炒香，放入盐、味精、红油、辣椒炒匀，淋在仔鸭上即可。

白菜粉条炖鸭架

材料 白菜200克，粉丝100克，鸭架300克

调料 盐3克，高汤500克

做法

1. 白菜洗净切段；粉丝泡发沥干；鸭架剁成大块。

2. 锅中倒入高汤烧热，下入白菜、粉丝、鸭架，加盐拌匀。

3. 大火煮开，再转小火炖约20分钟即可。

养生功效 增强免疫

大厨献招 如无高汤，可以用鸭架现炖。

适合人群 尤其适合儿童。

椒香盐水鸭

材料 鸭肉350克

调料 盐5克，红椒20克，花椒25克，葱15克

做法

1. 将鸭肉洗净，切条；红椒、葱洗净，切碎；花椒洗净。

2. 锅中水烧热，放入鸭肉，调入盐、油，水煮片刻。

3. 最后放入红椒、花椒，煮至熟，撒上葱花，即可。

养生功效 养心润肺

适合人群 尤其适合女性。

酸菜水饺鸭

材料 酸菜250克，鸭350克，水饺200克

调料 红泡椒20克，葱15克，盐、糖各3克，鸡精1克，醋、香油各5克

做法

1. 鸭洗净，剁块；酸菜洗净，切段；葱洗净，切碎。

2. 锅中倒水烧开，加入盐、鸭块煮30分钟至鸭肉熟后，捞出。

3. 锅倒油烧热，放入酸菜炒香后，放入清水、红泡椒、水饺煮至熟，鸭肉回锅，调入盐、糖、鸡精、醋煮3分钟，淋上香油，撒上葱花即可。

菠菜水饺鸭

材料 鸭350克，菠菜水饺200克

调料 泡椒15克，料酒、醋各5克，清汤100克，盐3克，胡椒粉5克

做法

① 鸭洗净，剁成块，入开水汆烫后捞出；泡椒洗净，备用。

② 鸭块用盐抹匀腌渍片刻，再放上料酒、泡椒、少许清汤，入蒸锅用旺火蒸2～3小时，取出。

③ 锅倒水烧开，放入水饺煮熟后，加入醋、盐、胡椒粉调味，倒在鸭盘中即可。

盐水鸭肝

材料 鸭肝300克

调料 葱、姜各10克，盐6克，料酒、花椒各5克

做法

① 鸭肝洗净；葱、姜、花椒分别洗净。

② 锅中倒水加热，下入鸭肝煮约10分钟，再下入调味料煮约5分钟后关火，捞出鸭肝。

③ 鸭肝放入盆中，倒入煮鸭肝的水浸泡约5小时，沥干切片即可食用。

养生功效 提神健脑

适合人群 尤其适合儿童。

山菌烩鸭掌

材料 鸭掌300克，平菇、香菇、猴头菇各20克，胡萝卜30克，油菜100克

调料 盐3克，酱油2克

做法

① 鸭掌洗净切块；平菇、香菇和猴头菇分别洗净切块；胡萝卜洗净切条；油菜洗净。

② 锅中倒油烧热，下入鸭掌炒熟，加其余原料翻炒，下入盐、酱油调味。

③ 再加适量清水，焖煮约15分钟后即可出锅。

养生功效 保肝护肾

芋头烧鹅

材料 鹅肉500克，芋头6个

调料 盐4克，料酒8克，生抽、胡椒粉、十三香各5克，香油10克，红椒1个，蒜3瓣，姜1块，葱2根

做法

① 将鹅肉洗净，剁成块状；芋头去皮，洗净；红椒切成片状，蒜去皮；姜切片；葱切段。

② 锅中水煮沸，下入剁好的鹅块煮约40分钟，至熟后捞起。

③ 热油锅，爆香姜片、蒜、葱、红椒，下入鹅块和其他调味料，加芋头和水炖至软烂即可。

鲍汁鹅掌扣刺参

材料 刺参1条，鹅掌1只，西蓝花2朵，西红柿1个，鲍汁200克

调料 盐2克，味精3克，白卤水200克

做法

① 刺参洗净，入水中煮4小时后取出，去肠洗净备用。

② 鹅掌洗净入白卤水中卤30分钟后取出备用。

③ 西蓝花洗净入沸水中焯熟；西红柿洗净切成两半；以上材料摆盘，鲍汁中加入盐、味精、勾芡，淋在盘中即可。

香辣鸭掌

材料 鸭掌300克，鲜藕、土豆各200克

调料 干辣椒段15克，大蒜15克，香菜30克，料酒6克，生抽、老抽各5克，糖6克，盐4克

做法

① 鸭掌洗净，汆水；香菜、鲜藕洗净，切段；大蒜去皮洗净；土豆去皮洗净，切条。

② 锅中注水，放入鸭掌、干辣椒、蒜瓣煮开后，加入料酒煮至五成熟时，放入藕段、土豆。

③ 加入生抽、老抽、糖、盐，转小火煮至鸭掌皮软肉酥，撒上香菜。

葱焖鲫鱼

材料 鲫鱼约400克，葱段150克

调料 料酒、酱油、鲜汤、味精各适量，水淀粉15克

做法

① 鲫鱼洗净，切花刀。

② 锅中注油烧热，下鲫鱼两面煎透。

③ 放入葱段煸出香味，加料酒、酱油、鲜汤、味精，以中火煮10分钟。

④ 用水淀粉勾芡，出锅装盘即可。

养生功效 开胃消食

豆豉蒸鳕鱼

材料 鳕鱼1片，豆豉10克

调料 姜1小段，小葱1棵，料酒少量，盐少许

做法

① 鱼片洗净，拭干水，抹上盐，装入盘内。

② 姜、葱洗净，皆切细丝。

③ 将豆豉均匀撒在鱼片上，再撒上葱丝、姜丝，淋上料酒。

④ 锅中加水煮开，放入鱼盘，隔水大火蒸6分钟即可。

养生功效 提神健脑

适合人群 尤其适合儿童。

黄鱼焖粉皮

材料 黄鱼2条，粉皮100克

调料 盐3克，味精2克，料酒、高汤、辣椒粉、香油各适量

做法

① 粉皮泡软；黄鱼洗净后用料酒腌渍片刻。

② 油锅烧热，放入黄鱼煎至金黄色，沥去多余的油，冲入高汤，煮沸后下入粉皮煮沸。

③ 加盐、辣椒粉，煮至汤汁收浓时放入味精、香油即可出锅。

养生功效 防癌抗癌

陈醋带鱼

材料 带鱼300克，陈醋30克

调料 盐3克，酱油10克，红椒、葱白、香菜各少许

做法

① 带鱼洗净，切块；红椒、葱白洗净，切丝；香菜洗净。

② 锅内注油烧热，将带鱼块煎至金黄色后，加入盐、酱油、陈醋翻炒入味，再加适量清水焖煮。

③ 至熟后起锅装盘，撒上葱白、红椒、香菜即可。

养生功效 养心润肺

适合人群 尤其适合老年人。

盘龙带鱼

材料 带鱼500克

调料 盐、胡椒粉、料酒、姜、大蒜、干红椒各适量

做法

① 带鱼洗净，切连刀块，加盐、胡椒粉、料酒腌渍，盘入盘中；姜洗净，切片；大蒜去皮洗净，切片；干红椒洗净，切段。

② 油锅烧热，入姜片、蒜片、干红椒炒香，起锅淋在鱼身上。

③ 最后将带鱼入锅蒸熟即可。

养生功效 保肝护肾

尖椒明太鱼

材料 明太鱼350克，红尖椒、青尖椒各100克

调料 盐3克，鸡精1克，辣椒酱10克

做法

① 明太鱼剖肚去内脏洗净，切成块；青、红尖椒洗净，斜切成圈。

② 锅倒油烧热，放入明太鱼炸至金黄色捞出；另起锅倒辣椒油烧热，放入辣椒酱炒匀，再放红尖椒、青尖椒炒至断生，然后加水烧开，鱼块回锅后炖熟。

③ 加入盐、鸡精，调味即可。

养生功效 补脾健胃

煎焖黄鱼

材料 黄鱼400克

调料 大葱5克，淀粉5克，盐3克，酱油3克

做法

① 黄鱼洗净，去鳞、内脏和鳃，加盐、酱油腌渍；大葱洗净切段；淀粉加水拌匀。

② 锅中倒油烧热，下入黄鱼煎熟。

③ 再加入适量水，炖约10分钟后出锅，撒上大葱段即可。

大厨献招 清洗黄鱼时要注意将鱼腹中的黑膜除去。

特色水煮鱼

材料 鲫鱼500克，红椒、青椒各20克

调料 盐、料酒、淀粉、鸡精、胡椒粉、椒盐粉各适量

做法

① 鲫鱼洗净，鱼头剁下，对半剖开，鱼肉切成片，用盐、料酒、淀粉抓匀，腌15分钟；青椒、红椒洗净，斜切成圈。

② 锅中倒油烧热，下入鱼头入锅翻炒两下，倒入水、盐，煮至汤沸出味，然后投入鱼片、青椒圈、红椒圈，煮至熟。

③ 放入鸡精、胡椒粉、椒盐粉调味，出锅即可。

碧波酸菜鱼

材料 草鱼500克，酸菜500克，青椒、红椒各30克

调料 酸菜鱼调料包30克，盐、料酒、糖、姜各适量

做法

① 草鱼洗净剔去鱼骨，切薄片；酸菜洗净切条；姜洗净切丝；青椒、红椒均洗净，切块。

② 草鱼加入盐、料酒、姜丝拌匀，腌渍15分钟。

③ 锅中倒油烧热，加入酸菜翻炒，倒入调料包、水搅匀，加盖煮沸。

④ 加糖，倒入草鱼片、青椒、红椒拌匀，大火煮沸至鱼片熟即可。

豆瓣鱼

材料 鲫鱼750克，郫县豆瓣20克

调料 姜、蒜、醋、淀粉、盐各5克，葱、糖各6克，料酒3克

做法

①鲫鱼洗净，在鱼身两侧斜切，用料酒、盐腌渍；姜、葱、蒜洗净切末；郫县豆瓣剁碎。

②锅中倒油烧热，放入鱼炸至熟盛盘；锅留油，放入郫县豆瓣、姜、蒜末炒香，加水、盐、糖、醋煮沸，再下入鲫鱼。

③淀粉勾芡后撒上葱花即可。

白菜水煮鱼

材料 鲜鱼400克，大白菜100克

调料 干辣椒30克，花椒5克，盐3克，胡椒粉、蛋清、姜片、蒜片、红油各适量

做法

①鲜鱼洗净，剁下鱼头、鱼尾，鱼肉切片，抹上胡椒粉、蛋清和盐腌渍15分钟；大白菜洗净切段；辣椒、花椒洗净。

②油入锅烧热，放入姜片、蒜片和干辣椒爆香，香味出来后倒入水，放入鱼尾、鱼头一起煮。

③放入花椒、红油、鱼片、白菜烫熟即可。

老妈鱼片

材料 鲫鱼500克，红尖椒15克

调料 酱辣椒、葱各15克，清汤200克，盐、胡椒粉、料酒、淀粉各适量

做法

①鲫鱼剖肚去内脏，洗净，切成鱼片；酱辣椒洗净，切成小段；红尖椒洗净；葱洗净，剁碎。

②鱼片加盐、胡椒粉、料酒、淀粉抓匀拌至上浆，腌渍10分钟。

③锅倒入清汤煮开，倒入鱼片，轻轻用锅勺摊匀后，加入酱辣椒、红尖椒，再煮至开，起锅装盘，撒上葱花即可。

苦瓜鱼丸

材料 鱼丸250克，圣女果、苦瓜、草菇各200克，白果150克

调料 盐3克，味精2克

做法

① 草菇去蒂，洗净焯水后捞出；苦瓜洗净，去瓤切成长薄片，入开水锅焯烫，捞出沥干水分；圣女果、白果、鱼丸洗净，备用。

② 锅加水烧开，倒入鱼丸、苦瓜、草菇煮熟，再倒入圣女果、白果煮熟。

③ 加入盐、味精即可。

蜀香酸菜鱼

材料 酸菜、粉丝各200克，草鱼400克，红辣椒10克

调料 盐4克，醋1克，葱段5克，蒜末3克

做法

① 草鱼洗净，切成块；酸菜洗净切段；粉丝泡软后沥干；红辣椒洗净切去蒂、去籽。

② 锅中加油烧热，下入酸菜和辣椒炒香，再加入适量水煮开，下入鱼块、粉丝煮熟。

③ 加入盐、醋和葱段再次煮沸，最后放上蒜末即可。

大理砂锅鱼头

材料 鱼头300克，豆腐200克，粉丝、火腿、五花肉、豆皮各100克

调料 盐3克，葱白、姜各10克

做法

① 将鱼头去鳃洗净；豆腐洗净，切片；粉丝洗净，浸泡至软；火腿、五花肉洗净，切片；豆皮洗净，切块；葱白洗净，打花刀；姜洗净，切片。

② 将以上所有材料放入砂锅中，倒入适量清水，煲熟。

③ 最后调入盐即可。

金牌鱼头豆腐

材料 鱼头、豆腐、油菜、粉皮、红枣、枸杞、红椒各适量

调料 盐、八角、花椒各4克，茴香3克，糖5克，料酒、酱油、醋各适量

做法

① 鱼头洗净，对半切开；豆腐洗净，切块；粉条泡发，洗净；油菜、红枣、枸杞洗净；红椒洗净，对半切开。

② 锅中烧热适量油，放入鱼头煎至金黄色。

③ 锅中留底油，倒适量水烧热，放入所有原料，煮熟即可。

山菌鱼头

材料 鱼头400克，平菇、香菇各50克

调料 泡椒6克，葱末、盐各3克，淀粉10克

做法

① 鱼头洗净，剖成两半，抹上盐腌渍入味；平菇、香菇分别洗净切块；淀粉加水拌匀。

② 锅中倒少许油烧热，下入鱼头略煎，再倒入香菇和平菇，加水焖熟。

③ 倒入泡椒和盐炒入味，加水淀粉勾芡，撒上葱末即可出锅。

虾仁鱼丸

材料 鱼丸200克，虾100克，豌豆50克

调料 盐4克

做法

① 将虾去壳、去肠泥，取虾仁，洗净；豌豆、鱼丸洗净。

② 锅中烧热适量清水，放入所有原料煮熟。

③ 最后调入适量盐，即可。

养生功效 益气补虚

大厨献招 煮鱼丸时要搅一下，不能粘锅，否则容易糊掉。

老爹秘制鱼丸

材料 鱼肉500克，油菜300克，蛋清50克，青尖椒末、红尖椒末各30克

调料 盐3克，水淀粉、熟猪油、葱、姜各适量

做法

① 鱼肉洗净剁成泥；油菜洗净，焯水装盘；葱、姜洗净捣成汁。

② 鱼肉泥加水、盐、葱姜汁搅至有黏性后加蛋清、水淀粉、熟猪油搅匀。

③ 手挤鱼丸，放入锅中，煮熟后，捞出装盘。

④ 青尖椒、红尖椒炒熟，水淀粉勾芡，淋在鱼丸上即可。

麻婆鱼丸

材料 豆腐400克，鱼丸200克

调料 葱3克，酱油5克，淀粉8克，红油10克，盐4克

做法

① 豆腐洗净切块，焯水后捞出沥干；鱼丸洗净，氽熟备用；葱洗净切碎；淀粉加水拌匀。

② 锅中倒油烧热，下入红油、酱油，加适量水烧开。

③ 加入豆腐和鱼丸，炖煮约10分钟后浇上水淀粉勾芡，加盐调味，撒上葱末即可。

养生功效 补脾健胃

砂锅三鲜豆腐

材料 鱼丸200克，鲜香菇、白菜、粉丝各100克，豆腐300克，枸杞、胡萝卜片各5克

调料 香菜末、葱末各3克，盐4克，鸡精1克

做法

① 香菇洗净切片；白菜洗净切段；豆腐洗净切块；粉丝泡软沥干；枸杞、鱼丸洗净。

② 锅中倒水烧开，下入所有原料煮熟。

③ 下入调味料，煮沸即可出锅。

养生功效 补脾健胃

适合人群 尤其适合老年人。

干贝泡鱼鳔

材料 鱼鳔350克，干贝、粉丝各200克，黄瓜50克

调料 红椒片15克，盐3克，葱花10克，味精2克

做法

①黄瓜去皮，洗净切成长条；干贝泡发洗净；鱼鳔洗净，氽水；粉丝泡发，洗净。

②锅倒油烧热，倒入红椒炒香，放入黄瓜炒至半熟。

③倒入适量水烧开，下入粉丝、干贝、鱼鳔煮熟，调入盐、味精入味，撒上葱花即可。

养生功效 提神健脑

干锅鱼杂

材料 鱼鳔、鱼子各200克，青椒、红椒各15克

调料 辣椒酱15克，盐3克，味精2克，大葱5克，鲜汤200克

做法

①鱼鳔、鱼子洗净；青椒、红椒、大葱洗净切斜段。

②干锅倒油烧热，倒入鱼子、鱼鳔翻炒，加入鲜汤、青椒、红椒、大葱煮沸。

③加入辣椒酱、盐、味精煮至入味即可。

养生功效 补脾健胃

侉炖墨鱼仔

材料 墨鱼仔250克，油菜150克

调料 盐3克，蚝油适量

做法

①将墨鱼仔、油菜洗净。

②将墨鱼仔、油菜放入炖盅，调入油、盐、蚝油，拌匀。

③锅中水烧热，然后放入炖盅蒸炖，将原料炖熟即可。

养生功效 益气补虚

大厨献招 墨鱼仔在炖之前，也可以氽烫一下。

适合人群 尤其适合女性。

白灼章鱼

材料 章鱼400克

调料 葱3克，姜3克，白酒1克，酱油4克，香油少许，盐5克

做法

① 章鱼洗净，切块，用盐腌渍片刻，沥干备用；葱洗净切丝；姜洗净去皮，切片。

② 锅烧热，下葱、姜炝锅，倒入白酒，再加适量水烧开。

③ 下章鱼灼熟后装盘，倒入酱油和香油调味即可。

粉丝蚬芥鲮鱼球

材料 鲮鱼肉200克，蚬芥50克，粉丝300克

调料 盐4克，鸡精1克，淀粉50克

做法

① 取少许淀粉加水拌匀备用；蚬芥洗净剁碎；鲮鱼肉洗净剁碎，加入蚬芥、剩余的淀粉和适量水搅拌均匀，捏成小球；粉丝泡软备用。

② 锅中倒油烧热，下入蚬芥鲮鱼球稍炸，倒入粉丝，加盐拌匀。

③ 再加适量水焖煮至熟，用水淀粉勾芡，最后加入鸡精拌匀即可出锅。

鲮鱼豆花

材料 豆豉鲮鱼罐头200克，豆花350克，青豆、红腰豆、胡萝卜各30克

调料 盐3克，鸡精1克

做法

① 打开豆豉鲮鱼罐头，取出鲮鱼，切碎；胡萝卜去皮，洗净，切丁；青豆、红腰豆洗净，备用。

② 锅倒水烧热，倒入红腰豆、青豆、胡萝卜丁煮至熟透，加入豆花搅匀后，放入鲮鱼略煮。

③ 加入盐、鸡精煮至入味即可。

石锅泥鳅

材料 泥鳅400克，青豆100克

调料 红辣椒10克，盐3克，鸡精1克，高汤600克

做法

① 泥鳅洗净；青豆洗净沥干；红辣椒洗净，切段。

② 锅中倒入高汤煮沸，下入泥鳅和青豆炖煮至熟。

③ 加入红辣椒、盐和鸡精，再次煮沸即可。

养生功效 保肝护肾

大厨献招 泥鳅放在清水中养两三天，使之吐干净泥沙，可以不用去内脏。

金玉满堂锅

材料 虾150克，鱼丸200克，鹌鹑蛋10个，鲜鱿鱼150克，大白菜200克

调料 盐4克

做法

① 将虾去头、尾、泥肠，洗净；鱼丸洗净；鹌鹑蛋煮熟，剥壳；鲜鱿鱼洗净，打花刀；大白菜洗净。

② 火锅中烧热水，放入所有原料。

③ 调入盐、油，煮熟，即可食用。

养生功效 增强免疫

白灼凤尾虾

材料 鲜虾300克，油菜100克

调料 葱白、姜各2克，白酒3克，酱油4克，盐2克

做法

① 油菜洗净；鲜虾去头、壳，留尾壳，剔去虾线，洗净，沥干备用；葱、姜分别洗净切丝。

② 油锅烧热，下入油菜炒熟，倒入酱油调好味后盛盘。

③ 锅中加入适量清水，放入葱、姜，倒入少许白酒、盐，水开后放虾灼熟，装盘即可。

养生功效 补血养颜

出水芙蓉虾

材料 鲜虾400克，黄瓜200克

调料 干椒10克，盐5克

做法

1. 鲜虾洗净，剥去头壳，留尾壳备用；黄瓜洗净，切成长条备用；干椒洗净切块。

2. 锅中倒油烧热，下入干椒炸香，再下入鲜虾和黄瓜一起翻炒。

3. 最后加适量水煮至鲜虾和黄瓜均熟，加盐调味即可。

养生功效 补血养颜

大厨献招 翻炒至虾身呈红色即可。

红焖小龙虾

材料 小龙虾300克

调料 葱白15克，蒜20克，料酒5克，盐3克，酱油6克，糖3克，味精1克，清汤75克，红油5克

做法

1. 小龙虾洗净；葱白洗净，切成段；蒜洗净，分瓣。

2. 盐、醋、味精加清水调匀，将小龙虾下入锅中，加调味汁焖制。

3. 待收汁微浓时，放入味精，淋入红油即成。

鱼虾烩土豆

材料 小鱼、鲜虾各200克，土豆300克，青椒、红椒各15克

调料 料酒6克，酱油5克，盐、糖各3克，鸡精1克

做法

1. 小鱼、鲜虾分别洗净；土豆去皮，洗净；青、红椒洗净，切小块。

2. 锅倒油烧热，分别倒入小鱼、土豆过油。

3. 锅倒油烧热后，倒入鲜虾翻炒至颜色变红后，小鱼、土豆回锅，加入青、红椒炒匀，烹入料酒、酱油、糖、盐、水，煮大约20分钟后，加入鸡精即可。

浓汤虾仁豆干丝

材 料 白豆干300克，虾仁50克，牛肉干5克
调 料 盐、香菜各2克，高汤500克

做 法

① 豆干洗净切丝；虾仁洗净，对半切开；牛肉干撕成细丝；香菜洗净切碎。

② 锅中倒入高汤烧热，下豆干和虾仁煮熟。

③ 下盐调好味后出锅装碗，撒上牛肉干和香菜即可。

养生功效 益气补虚
适合人群 尤其适合女性。

翡翠干贝盅

材 料 青菜200克，干贝50克，蟹肉棒50克
调 料 盐2克，淀粉10克

做 法

① 青菜洗净，切碎；干贝用沸水泡软烫熟，撕成细丝；蟹肉棒洗净切丁；淀粉加水拌匀。

② 锅中倒水加热，下入青菜碎，煮至浓稠，加入蟹肉丁。

③ 煮沸后加盐调味，倒入水淀粉勾芡，撒上干贝丝，吃时搅匀即可。

养生功效 增强免疫

芙蓉玉米烩银鱼

材 料 银鱼200克，熟火腿15克，玉米粒、豌豆各30克，鸡蛋清50克

调 料 盐3克，味精1克，香油15克，上汤、淀粉各适量

做 法

① 银鱼去内脏洗净，入开水氽后捞出。

② 鸡蛋清加入盐、水、淀粉打成薄粥形。

③ 锅倒油烧热，倒入蛋清溜熟盛起；锅留底油烧热，放入火腿、玉米、豌豆，加上汤、盐、味精煮滚，蛋白回锅，下银鱼烧沸，用水淀粉勾芡，淋上香油即可。

第四章
应对忙碌生活的快手
营养汤

皮蛋油菜汤

材料 皮蛋100克，油菜200克，香菇、草菇各50克

调料 盐3克，蒜5克，枸杞5克，高汤400克

做法

1 皮蛋去壳切块；香菇、草菇分别洗净切块；枸杞洗净；蒜洗净剁碎。

2 锅中倒入高汤加热，油菜洗净，倒入高汤中烫熟后摆放入盘。

3 往汤中倒入皮蛋、香菇、草菇、枸杞，煮熟后加盐和蒜调味，出锅倒在油菜中间。

灌汤娃娃菜

材料 娃娃菜300克，干香菇、三文治、火腿各50克

调料 盐3克，姜15克，红椒20克，大蒜10克

做法

1 将娃娃菜整颗洗净；干香菇、火腿、姜、红椒均洗净，切丝；大蒜去皮，洗净，入油锅炸好；三文治切丝。

2 锅中倒入适量清水，放入娃娃菜、香菇、三文治、火腿、大蒜、红椒，稍煮片刻。

3 待熟透，调入盐，撒上姜丝即可。

锅仔什锦

材料 油菜150克，玉米笋100克，胡萝卜150克，草菇、干香菇、冬笋各100克

调料 盐5克

做法

1 将油菜、玉米笋、草菇洗净；胡萝卜洗净，切片；干香菇洗净，浸泡至软，切块；冬笋洗净，切片。

2 小锅中烧热水，下入所有原料。

3 最后调入盐，煮熟即可。

养生功效 排毒瘦身

米汤青菜

材料 米汤300克，青菜50克，枸杞10克

调料 盐3克

做法

① 青菜洗净切碎；枸杞洗净沥干。

② 锅中下入米汤煮沸。

③ 再倒入青菜和枸杞煮熟，加盐调好味即可。

养生功效 降压降糖

大厨献招 做这道菜的米汤不可太浓稠。

适合人群 尤其适合女性。

上汤黄瓜

材料 黄瓜300克，虾仁、青豆各100克，火腿50克

调料 盐3克，鸡精1克，高汤500克

做法

① 黄瓜洗净，去皮切块；虾仁、青豆分别洗净；火腿切片。

② 锅中倒入高汤煮沸，下入黄瓜和青豆煮熟，倒入虾仁和火腿再次煮沸。

③ 下盐和鸡精拌匀，即可出锅装盆。

养生功效 排毒瘦身

黄瓜竹荪汤

材料 黄瓜、竹荪各300克

调料 盐3克，鸡精2克，高汤适量

做法

① 黄瓜洗净，切成长薄片；竹荪泡发洗净，切成段。

② 锅倒入高汤煮沸，放入竹荪煮至熟后。

③ 加入盐、鸡精调味，起锅前放入黄瓜，烧开即可。

养生功效 降压降糖

大厨献招 竹荪泡发后，将尾端的黄色部分摘除。

浓汤竹笋

材料 竹笋300克，荷兰豆50克，红椒30克，肉松5克

调料 盐3克，鸡汤600克

做法

1. 竹笋去笋衣，洗净切片；荷兰豆择好洗净；红椒洗净切条。

2. 锅中倒入鸡汤烧热，下入竹笋煮熟，再加入荷兰豆和红椒一同煮熟。

3. 下盐调好味，出锅装碗，放上肉松即可。

家乡豆腐钵

材料 油豆腐350克，油菜200克，鲜虾200克

调料 高汤200克，盐3克，鸡精2克，香油5克

做法

1. 油豆腐洗净，切成条；油菜洗净，焯水；鲜虾去头、去肠线，洗净。

2. 锅加高汤烧开，倒入油豆腐、鲜虾煮至虾熟，再放入油菜。

3. 加入盐、鸡精煮至入味，起锅后淋上香油即可。

养生功效 增强免疫

蒜瓣豆腐汤

材料 豆腐150克，枸杞25克，蒜瓣40克

调料 盐3克，高汤适量

做法

1. 将豆腐洗净，切条；枸杞洗净；蒜瓣洗净，切碎。

2. 热锅烧油，下入蒜末炒香，再加高汤煮沸，加入豆腐、枸杞煮熟。

3. 最后调入盐，煮至入味即可。

大厨献招 蒜瓣尽量切碎点。

油菜豆腐汤

材料 油菜300克，豆腐350克

调料 高汤350克，盐3克，味精2克，香油5克

做法

① 豆腐洗净，切成方块，入开水焯后捞出；油菜择洗干净，切成段。

② 锅中倒油烧热，放入油菜、豆腐，加入高汤，煮沸后转小火，煮至菜熟。

③ 放入盐、味精，装碗，淋上香油即成。

大厨献招 豆腐先要焯水，去除豆腥味。

上汤冻豆腐

材料 腊肉50克，鲜虾100克，冻豆腐300克，油菜100克

调料 盐3克，高汤600克

做法

① 腊肉洗净切片；鲜虾洗净；冻豆腐洗净切块；油菜择好洗净。

② 锅中倒少许油烧热，下入虾炒至发红，倒入腊肉炒出油，倒入高汤煮沸。

③ 下入冻豆腐和油菜煮熟，下盐调好味即可。

酸辣豆腐汤

材料 豆腐350克，酸菜少许，剁椒10克

调料 葱15克，高汤350克，盐3克，味精2克，胡椒粉2克

做法

① 豆腐切成长条状，焯水后漂洗净；酸菜、葱均洗净，切碎。

② 锅中加油烧热，下入酸菜炒香，再倒入高汤烧开，放入豆腐条、剁椒煮至豆腐熟。

③ 加入盐、味精、胡椒粉调味，撒上葱花起锅即可。

养生功效 开胃消食

泡菜黄豆芽汤

材料 豆腐200克，黄豆芽200克，韩国泡菜100克

调料 盐适量

做法

① 豆腐洗净切块；黄豆芽洗净；泡菜切片。

② 锅中倒水加热，下入豆腐和黄豆芽煮熟。

③ 再加入泡菜稍煮，下盐调好味即可。

养生功效 补脾健胃

大厨献招 泡菜本身已有咸味，因此盐要少放些。

酸菜粉丝汤

材料 酸菜300克，粉丝300克，鸡肉250克，枸杞少许

调料 盐、胡椒粉、鸡精、葱花、香油各适量

做法

① 鸡肉洗净，切块，氽烫后捞出；粉丝泡软；枸杞洗净，备用。

② 锅中倒油烧热，放入鸡肉翻炒熟，加入清水煮开后，撇去浮沫，再煮20分钟后，加入粉丝、酸菜、枸杞煮开。

③ 待熟后加入盐、胡椒粉、鸡精调味，起锅后撒上葱花，淋上香油即可。

白肉酸菜粉丝锅

材料 猪肉400克，酸菜300克，粉丝100克

调料 盐2克，高汤500克，葱末、胡椒粉少许

做法

① 猪肉洗净，入沸水锅中稍烫后，捞出切片；酸菜洗净切碎；粉丝泡发后洗净沥干。

② 锅中倒入高汤烧开，加入猪肉、酸菜和粉丝煮沸，加盐拌匀。

③ 待锅中材料煮熟后，撒上葱末、胡椒粉即可。

养生功效 益气补虚

莴笋丸子汤

材料 猪肉500克，莴笋300克

调料 盐3克，淀粉10克，香油5克

做法

① 猪肉洗净，剁成泥状；莴笋去皮，洗净切成丝。

② 猪肉加淀粉、盐搅匀，捏成肉丸子；锅中注水烧开，放入莴笋、肉丸子煮滚。

③ 调入盐，煮至肉丸浮起，淋上香油即可。

养生功效 养心润肺

大厨献招 猪肉中可拌入鸡蛋清，再捏成丸子。

豌豆尖汆丸子

材料 猪肉丸子500克，豌豆尖 500克，枸杞10克

调料 香油15克，盐3克，味精2克，高汤500克

做法

① 豌豆尖洗净切段；枸杞洗净。

② 锅内加入高汤烧热，放入丸子、枸杞煮至肉变色。

③ 再下入豌豆尖煮熟后，调入盐、味精煮至入味盛起，淋上香油即可。

养生功效 养心润肺

红汤丸子

材料 猪肉500克，西红柿200克

调料 盐3克，鸡精2克，姜5克，淀粉6克，胡椒粉3克

做法

① 猪肉洗净剁成泥；西红柿洗净去皮切成块；姜洗净切末。

② 猪肉加姜末、淀粉、胡椒粉、盐、鸡精、水拌匀捏成丸子；锅加水烧开，倒入丸子煮熟，加入西红柿煮开。

③ 加入盐、鸡精调味即可。

养生功效 增强免疫

清汤狮子头

材料 猪肉250克，马蹄50克，鸡蛋50克，豌豆尖20克

调料 盐3克，酱油5克，白醋10克，香油5克

做法

1 猪肉、马蹄洗净，剁碎；豌豆尖择洗干净。

2 肉碎装碗，打入鸡蛋液，加入马蹄碎、盐、酱油，搅拌至有黏性，用手捏成肉丸子。

3 锅倒入水烧沸，倒入丸子煮至熟透后，加入豌豆尖略煮，调入盐、白醋煮至入味后起锅，淋上香油即可。

上汤美味绣球

材料 猪肉200克，胡萝卜、鸡蛋、香菇各50克，西兰花、豆腐各100克，皮蛋30克

调料 盐4克，高汤600克

做法

1 猪肉洗净剁成肉末；胡萝卜洗净，去皮切丝；鸡蛋打散，煎成蛋皮后切丝；香菇、西兰花、豆腐分别洗净切块；皮蛋去壳切块。

2 猪肉分团揉成肉丸，裹上胡萝卜丝和蛋皮丝；锅中倒高汤烧沸，下入肉丸和除了皮蛋之外的其余原料煮熟。

3 加入盐调味，倒入皮蛋，即可出锅。

清汤手扒肉

材料 带骨羊肉适量

调料 香菜末20克，葱花10克，姜片10克，酱油5克，醋5克，鸡精1克，胡椒粉、盐、芝麻油、牛奶各适量

做法

1 带骨羊肉浸泡后洗净，剁块。

2 将葱、姜、酱油、醋、鸡精、胡椒粉、盐、芝麻油、水调成汁备用。

3 锅加入清水，放入羊肉烧开后，撇去浮沫，放入牛奶煮至肉烂。

4 加入盐、鸡精，撒上香菜出锅，食用时蘸汁即可。

酥肉营养汤

材料 猪肉350克，西葫芦、冬瓜各100克，黑木耳200克，鸡蛋清20克

调料 盐3克，淀粉10克，味精2克，高汤300克

做法

① 猪肉洗净，切片；加入盐、鸡蛋清、淀粉拌匀；西葫芦、冬瓜去皮洗净，切成片；黑木耳泡发洗净，撕成小片。

② 起油锅烧至七成热，下入肉片炸呈金黄色时捞出。

③ 将西葫芦、冬瓜入锅炒软后，加入高汤、酥肉、木耳煮熟，加盐、味精调味即可。

肉丸粉皮汤

材料 肉丸200克，粉皮200克，牛肉100克，水发木耳50克

调料 盐3克，酱油2克，红油10克，香菜8克

做法

① 粉皮泡软，洗净沥干备用；牛肉洗净切片；水发木耳洗净，撕成小块；香菜洗净切碎。

② 锅中倒油烧热，下入肉丸炸至金黄捞出；净锅倒入适量水，加入肉丸、粉皮、牛肉、木耳煮熟。

③ 倒入所有调味料，煮至入味即可。

咸肉冬瓜汤

材料 咸肉200克，冬瓜350克

调料 葱15克，盐3克，鸡精2克，香油5克

做法

① 冬瓜去皮，洗净，切成片；咸肉切成长薄片；葱洗净，切碎。

② 锅加入清水、咸肉煮开后，撇去浮沫。

③ 放入冬瓜片，煮至冬瓜软熟，加入盐、鸡精调味，撒上葱花，淋上香油起锅即可。

大厨献招 煮咸肉时锅里有浮沫，要把浮沫撇干净。

酥肉汤

材料 猪肉300克，油麦菜100克

调料 盐3克，淀粉20克，香油适量

做法

1. 猪肉洗净，切成片，粘裹上淀粉，下入油锅中炸至酥脆后，捞出。
2. 油麦菜洗净，切成长段备用。
3. 锅中加水烧开，下入酥肉煮开后，再下入油麦菜煮至熟，加盐调味，淋上香油即可。

养生功效 增强免疫

大厨献招 猪肉炸至表皮鼓起、呈金黄色即可。

锅仔猪肚蹄花

材料 猪肚200克，猪蹄250克，枸杞30克

调料 盐3克，料酒适量

做法

1. 将猪肚洗净，切条；猪蹄洗净，切小块；枸杞洗净。
2. 烧热水，放入猪蹄、猪肚氽烫片刻；捞起。
3. 另起锅，烧热适量清水，放入猪蹄、猪肚、枸杞，调入适量料酒，待熟后，下入盐即可。

养生功效 益气补虚

砂锅海带炖棒骨

材料 海带200克，大棒骨400克，枸杞3克，红枣5克

调料 盐4克，鸡精1克，葱3克

做法

1. 海带洗净切段；大棒骨洗净剁成块，氽水后捞出沥干；葱洗净切段；枸杞、红枣分别洗净备用。
2. 砂锅中倒适量水，下入棒骨大火烧开，加入海带、枸杞、红枣炖煮约1个小时。
3. 下盐和鸡精调好味，撒入葱段即可。

养生功效 益气补虚

土豆排骨汤

材料 土豆200克，胡萝卜100克，排骨400克
调料 香葱5克，盐4克
做法
① 排骨洗净剁块，汆水后备用；胡萝卜、土豆分别洗净，去皮切片；葱洗净切段。
② 锅中倒水烧开，下入排骨、土豆、胡萝卜一起开大火煮开，再转小火煮至熟烂。
③ 最后下盐和葱，调好味后即可出锅。
养生功效 补脾健胃
大厨献招 土豆久煮易烂，因此煮熟即可离火。

大头菜排骨汤

材料 大头菜1个，排骨450克
调料 葱、盐、味精各适量
做法
① 大头菜洗净，去皮，切块。
② 排骨洗净，入锅用水煮沸，再加入大头菜。
③ 待再沸后，焖煮4～5分钟，加盐、味精，撒入少量葱段即可。
养生功效 清热解毒
大厨献招 大头菜不要烧得过烂，否则会失去鲜味。

芋头排骨汤

材料 猪排骨350克，芋头300克，白菜100克，枸杞30克
调料 葱花20克，料酒5克，老抽6克，盐3克，味精1克
做法
① 猪排骨洗净，剁成块，汆烫后捞出；芋头去皮，洗净；白菜洗净，切碎。
② 锅中倒油烧热，放入排骨煎炒至黄色，加入料酒、老抽炒匀后，加入沸水，撒入枸杞，炖1小时，加入芋头、白菜煮熟。
③ 加入盐、味精调味，撒上葱花起锅即可。

珍菌芋头排骨锅

材料 滑子菇、芋头各200克，猪排骨300克，枸杞10克

调料 葱花15克，料酒5克，盐3克，白胡椒粉2克，香油5克

做法

1 猪排骨洗净，剁成段，氽烫后捞出；芋头去皮，洗净，切块；滑子菇、枸杞洗净。

2 锅中倒入水、排骨、枸杞，加入料酒烧沸，炖至变色后，然后加入滑子菇、芋头煮至软。

3 待熟后，加入盐、白胡椒粉调味，撒上葱花，淋上香油即可。

白果小排汤

材料 小排骨500克，白果30克

调料 黄酒、葱、姜、盐、味精各适量

做法

1 小排骨洗净斩段，姜切片，葱切花。

2 白果剥去壳，脱去红衣后加水煮15分钟。

3 排骨加黄酒、姜片和适量水，用文火焖煮1小时后，再加入白果，煮熟，调入盐、味精撒上葱花即可。

养生功效 养心润肺

大厨献招 此汤要用文火慢煲。

干白菜脊骨汤

材料 猪脊骨、干白菜各350克，青椒、红椒各30克

调料 大葱20克，盐3克，胡椒粉3克，味精2克

做法

1 猪脊骨剁块，氽水后捞出；干白菜泡发，洗净切段；青椒、红椒洗净切块；葱洗净切段。

2 锅加水烧热，放入葱段、猪脊骨块烧开，用小火煲30分钟，改中火烧至猪脊骨块酥烂，再放入白菜段、青椒、红椒。

3 小火焖20分钟，加入胡椒粉、盐、味精调味即可。

百合龙骨煲冬瓜

材料 百合100克，龙骨300克，冬瓜300克，枸杞10克

调料 香葱2克，盐3克

做法

① 百合、枸杞分别洗净；冬瓜去皮洗净，切块备用；龙骨洗净，剁成块；葱洗净切碎。

② 锅中注水，下入龙骨，加盐，大火煮开。

③ 再倒入百合、冬瓜、葱末和枸杞，转小火熬煮约2小时，至汤色变白即可。

养生功效 排毒瘦身

米肠汤

材料 猪大肠100克，糯米400克，猪血300克，猪肝适量，红枣5克

调料 盐4克，鸡精1克，葱花、蒜末各3克

做法

① 猪大肠洗干净；糯米洗净浸泡沥干；红枣洗净；猪肝洗净，切片。

② 将猪大肠一头绑住，糯米、碎猪血、蒜末加盐拌匀后灌入肠中，扎好煮熟，捞出切段。

③ 锅中倒水加热，下入米肠、猪肝和红枣煮熟，加入盐、鸡精和葱花再次煮沸即可出锅。

健胃肚条煲

材料 猪肚500克，薏米300克，枸杞20克

调料 姜5克，蒜5克，高汤200克，盐3克，鸡精1克

做法

① 猪肚洗净切条，余水沥干；薏米、枸杞洗净；姜、蒜洗净切碎。

② 锅中倒油烧热，加入姜、蒜爆香，倒入高汤、猪肚、薏米、枸杞大火烧开。

③ 加入盐、鸡精炖至入味即可。

养生功效 补脾健胃

适宜人群 尤其适合老年人。

幸福圆满一品锅

材料 腊肉300克，西蓝花、油菜、鱼丸各200克，香菇100克

调料 葱花15克，料酒5克，高汤200克，白胡椒粉3克

做法

① 腊肉洗净，煮10分钟后，捞出切薄片；西蓝花洗净，掰成小朵；油菜洗净；香菇洗净切片。

② 锅中倒油烧热，放入腊肉片煸炒出香味，加入香菇片，倒入料酒、高汤、鱼丸，煮滚后，加入西蓝花、油菜略煮。

③ 待熟后，加入白胡椒粉调味，撒上葱花，即可。

锅仔西红柿牛肉

材料 牛肉300克，水发木耳50克，西红柿150克

调料 盐5克，葱花15克，姜片20克，料酒适量

做法

① 将牛肉洗净切块；水发木耳洗净，撕小朵；西红柿洗净，切块。

② 锅中烧热水，放入牛肉氽烫片刻，捞起；锅中放入水，下入牛肉、料酒，炖20分钟捞起。

③ 将西红柿放入锅中稍炒片刻盛出；锅中烧热水，放入牛肉、西红柿、木耳、姜片，调入盐，煮熟，撒上葱花即可。

白萝卜炖牛肉

材料 白萝卜200克，牛肉300克

调料 盐4克，香菜段3克

做法

① 白萝卜洗净去皮，切块；牛肉洗净切块，氽水后沥干。

② 锅中倒水，下入牛肉和白萝卜煮开，转小火熬约35分钟。

③ 加盐调好味，撒上香菜即可。

养生功效 益气补虚

大厨献招 炖煮时间不要过长，以免牛肉失去韧劲。

白萝卜牛肉汤

材料 白萝卜300克，牛肉200克

调料 葱丝3克，红椒丝1克，盐3克，鸡精1克

做法

① 白萝卜洗净，去皮切丝；牛肉洗净切丝。

② 锅中倒水烧热，下入白萝卜烫熟，加入牛肉煮熟。

③ 加入调味料调好味即可。

养生功效 保肝护肾

大厨献招 盐一定要后放，否则牛肉易老。

适宜人群 尤其适合女性。

西湖牛肉羹

材料 瘦牛肉100克，香菜20克，蛋清30克，豆腐50克

调料 盐3克，鸡精1克，胡椒粉3克，淀粉适量，醋5克

做法

① 把瘦牛肉洗净剁成蓉，放入沸水中氽熟，捞出；豆腐洗净切成丁，香菜洗净切末。

② 往锅中倒入清水，放入牛肉蓉、豆腐丁烧开，调入盐、鸡精、醋。

③ 倒入鸡蛋清、香菜末、胡椒粉，搅匀，再以淀粉勾芡即可。

当归牛尾虫草汤

材料 牛尾1条，当归30克，瘦肉100克，虫草3克

调料 盐适量

做法

① 瘦肉洗净，切大块；当归用水略冲；虫草洗净。

② 牛尾去毛，洗净，切成段。

③ 将以上所有材料一起放入砂锅内，加适量清水，待瘦肉煮熟，调入盐即可。

养生功效 滋阴助阳

大厨献招 当归不要放得太多，以免味道太浓。

牛尾汤

材料 牛尾450克，红枣50克

调料 葱15克，料酒3克，盐3克，味精2克

做法

① 牛尾去毛，泡软洗净，砍成段，入开水汆烫捞出；葱洗净，切段；红枣洗净。

② 锅倒入清水烧开，放入牛尾、红枣煮4小时后，加入料酒、盐煮至熟烂。

③ 然后加入味精，煮到入味，撒上葱段即可。

养生功效 益气补虚

海鲜三味汤

材料 冬笋100克，青菜100克，牛肚150克，鲜鱿鱼150克，火腿100克

调料 盐3克，香油5克

做法

① 将冬笋洗净，切片；青菜洗净；牛肚洗净，切块；鲜鱿鱼洗净，打上花刀，再切块；火腿洗净，切片。

② 锅中倒入适量水烧开，放入所有原料，煮熟。

③ 最后调入盐、香油，即可。

冬瓜汆羊肉丸子

材料 冬瓜300克，羊肉400克

调料 盐3克，鸡精1克，香油5克，葱4克，姜5克，料酒6克

做法

① 羊肉洗净剁成泥；冬瓜去皮，洗净切成片；葱、姜洗净切成末。

② 肉泥加入葱末、姜末、料酒、盐、鸡精、香油搅拌均匀，挤成肉丸子。

③ 锅加水烧热，倒入肉丸烧滚，放入冬瓜片。

④ 放入盐、鸡精调味，滴入香油，再撒上葱花即可。

锅仔金针菇羊肉

材料 羊肉300克，金针菇100克，白萝卜50克
调料 盐4克，香菜20克，姜20克，料酒适量

做法

① 将羊肉洗净，切成薄片；金针菇洗净；白萝卜洗净，切块；香菜洗净，切段；姜洗净，切片。

② 锅中烧热水，放入羊肉汆烫片刻，捞起。

③ 另起锅，烧沸水，放入羊肉、金针菇、白萝卜、姜片、香菜，倒入料酒，煮熟；最后撇净浮沫，调入盐即可。

白萝卜丝汆肥羊

材料 白萝卜100克，肥羊肉片400克
调料 葱10克，盐3克，鸡精1克

做法

① 白萝卜洗净，去皮切丝；肥羊肉片洗净备用；葱洗净切碎。

② 锅中倒入适量水烧热，下入萝卜丝煮熟，再下入肥羊片汆至熟透。

③ 加入盐和鸡精调味，出锅撒上葱末即可。

大厨献招 去羊肉的腥味，可以放少量的橘子皮。

锅仔带皮羊排

材料 带皮羊排400克，白萝卜150克
调料 盐5克，香菜20克，葱25克，姜20克

做法

① 将羊排洗净，剁小块；白萝卜去皮，洗净，切条；香菜、葱洗净，切段；姜洗净，切片。

② 锅中烧热水，放入羊排汆烫片刻，捞起，再放入油锅中稍炒片刻。

③ 另起锅，放入适量清水，煮沸，下入羊排、白萝卜煮熟；撒上香菜、葱、姜，调入盐，煮熟即可。

豆花老鸡汤

材料 净鸡500克，豆花300克

调料 盐3克，味精1克，胡椒粉1克，香油5克，清汤500克，葱5克

做法

①将净鸡洗净切块；葱洗净切碎。

②锅内倒入清汤，放入鸡块烧至熟透。

③再舀入豆花用小火稍煮，调入盐、味精、胡椒粉入味，撒上葱花盛盘，淋上香油即可。

养生功效 补血养颜

客家炖鸡

材料 鸡500克，党参5克

调料 盐4克，姜3克

做法

①鸡宰杀洗净，下入沸水中汆烫后捞出沥干；党参洗净沥干；姜洗净拍破。

②锅中倒水烧开，下入鸡和觉参、姜炖煮约2小时。

③出锅，加盐调好味即可。

大厨献招 炖鸡应先用大火烧开约10分钟再转文火慢炖。

白果炖乌鸡

材料 乌鸡肉300克，白果10克，枸杞5克

调料 盐3克，姜2克

做法

①乌鸡肉洗净切块；白果和枸杞分别洗净沥干；姜洗净，去皮切片。

②乌鸡块、白果、枸杞和姜片放入锅中，倒入适量水，加盐拌匀。

③用大火煮开，转小火炖约30分钟即可。

养生功效 补血养颜

大厨献招 炖至汤汁浓稠，即可熄火。

冬瓜山药炖鸭

材料 净鸭500克，山药100克，枸杞25克，冬瓜10克

调料 葱5克，姜2克，料酒15克，盐3克，味精2克

做法

① 将鸭洗净剁成块，氽入后沥干；山药、冬瓜均去皮洗净切成块；葱洗净切碎；枸杞洗净；姜洗净切片。

② 锅加水烧热，倒入鸭块、山药、枸杞、冬瓜、姜、料酒煮至鸭肉熟。

③ 调入盐、味精入味，盛盘撒上葱花即可。

杭帮老鸭煲

材料 老鸭200克，油菜100克，竹笋150克，金华火腿100克

调料 盐4克

做法

① 将老鸭洗净，斩成块；竹笋洗净，切片；金华火腿洗净切片；油菜洗净。

② 砂锅加水烧开，下入鸭肉、火腿煮开，再放入笋片。

③ 煮至快熟时，下入油菜，待各种材料熟透，调入盐即可。

老鸭汤

材料 净鸭500克，竹笋100克，党参100克，枸杞20克

调料 香油5克，味精2克，盐3克

做法

① 将鸭洗净，氽水后捞出；竹笋洗净，切成片；党参、枸杞泡水，洗净。

② 砂锅倒入开水烧热，下入鸭子、竹笋、党参大火炖开后，改小火炖2小时至肉熟。

③ 撒入枸杞，用旺火煮开，放入盐、味精调味起锅，淋上香油即可。

养生功效 益气补虚

谭府老鸭煲

材料 鸭肉400克，腊肉100克，油菜200克，枸杞10克

调料 盐3克，高汤800克

做法

1 鸭肉洗净，剁成大块；腊肉洗净切片；油菜洗净；枸杞洗净。

2 锅中倒入高汤烧开，下入鸭肉、腊肉、油菜和枸杞煮熟。

3 加盐调味，再次煮沸即可。

养生功效 益气补虚

鸭架豆腐汤

材料 烤鸭架300克，豆腐200克，白菜200克

调料 葱段20克，清汤200克，盐3克，味精2克，胡椒粉2克，鸭油3克

做法

1 烤鸭架砍成块；白菜择洗净切段；豆腐洗净切片。

2 炒锅倒油烧至七成热，下入鸭架煸炒片刻，倒入清汤烧开，移入瓦煲内，炖煮10分钟，下入豆腐片、白菜煮开。

3 熟后加入盐、味精调味，出锅，撒上葱段、胡椒粉，淋入鸭油即可。

天麻炖乳鸽

材料 乳鸽300克，天麻20克，枸杞3克，党参10克

调料 盐3克

做法

1 乳鸽洗净；天麻洗净切片；党参、枸杞分别洗净。

2 锅中倒水加热，下入乳鸽、天麻、党参和枸杞一起大火煮开。

3 转小火炖煮约半小时，待熟后加盐调味即可出锅。

养生功效 提神健脑

菠萝煲乳鸽

材料 乳鸽350克，菠萝150克，火腿60克，芡实50克

调料 精盐少许，味精3克，高汤适量

做法

① 将乳鸽洗净斩块，菠萝洗净改小块，火腿切片，芡实洗净备用。

② 净锅上火倒入高汤，调入精盐、味精，加入乳鸽、芡实、菠萝煲至熟，撒入火腿即可。

养生功效 清热解毒

丝瓜煮蛋饺

材料 小蘑菇60克，西蓝花200克，蛋饺350克，丝瓜300克

调料 高汤200克，盐3克，胡椒粉3克，香油5克

做法

① 丝瓜去皮，洗净，切成段；西蓝花洗净，焯水后掰成小朵；小蘑菇洗净。

② 锅中倒入高汤、盐，加入丝瓜滚煮后，放入蛋饺煮熟，再加入小蘑菇、西蓝花煮3分钟。

③ 加入胡椒粉调味，起锅后淋上香油即可。

鸡蛋辣椒汤

材料 鸡蛋200克，西红柿250克，黑木耳、辣椒各100克

调料 盐3克，醋10克

做法

① 鸡蛋打散，加盐搅打均匀；西红柿洗净，切成块；黑木耳泡发洗净，撕成小片；辣椒洗净，切斜段。

② 锅中加油烧热，下入辣椒炒香，再加水烧沸，下入西红柿、黑木耳煮开。

③ 再淋入鸡蛋液，待熟后，加入盐、醋调味，起锅即可。

丝瓜木耳汤

材料 丝瓜300克，水发木耳50克

调料 盐3克，味精1克，胡椒粉1克

做法

1. 丝瓜刮洗干净，对剖两半切片；木耳去蒂，淘洗干净，撕成片状。

2. 锅中加入清水1000克，烧开后，放入丝瓜、盐、胡椒粉，煮至丝瓜断生。

3. 最后下入木耳略煮片刻，放味精搅匀，盛入汤碗中即可。

养生功效 增强免疫

豆花鱼

材料 草鱼500克，豆花300克，酥黄豆5克

调料 蒜8克，姜4克，醋10克，料酒、糖、胡椒粉、红椒、葱、青椒、泡椒、熟白芝麻各5克

做法

1. 草鱼洗净，切成厚片；葱、姜、蒜洗净切末；青椒、红椒洗净切丝；泡椒洗净切碎。锅中倒油烧热，下葱、姜、蒜爆香，烹入料酒，加水煮成汤。

2. 再下入鱼片，待鱼片熟后，舀入豆花，稍煮，加入剩余调料，出锅时撒上酥黄豆、熟白芝麻及青椒丝、红椒丝即可。

川江鱼三吃

材料 鲜鱼400克

调料 盐3克，红椒、葱各5克，干辣椒10克，红油20克

做法

1. 鲜鱼洗净去鳞，取鱼肉切片，用盐腌至入味；葱和红椒分别洗净切碎；干辣椒洗净切段。

2. 锅中倒油加热，下入葱、红椒和干辣椒炒香，再倒入适量水烧开。

3. 将鱼肉下入锅中，烫至熟，加盐、红油调味即可。

鱼吃芽

材料 鱼350克，黄豆芽、肥羊片各适量、香菜末60克

调料 葱花20克，红椒粒15克，盐3克，猪油5克，味精3克，白胡椒粉3克

做法

① 鱼洗净，鱼肉切片，用盐腌渍半小时；肥羊片洗净；黄豆芽去尾部，洗净。

② 锅中放入清水烧开，放入鱼煮3分钟，再加入猪油烧开，下入豆芽煮熟。

③ 加入肥羊片烫熟，加入盐、味精、白胡椒粉调味，撒上香菜、葱花、红椒粒，出锅即可。

灌汤鱼片

材料 鱼肉300克，酸菜50克

调料 盐3克，泡椒20克，红椒20克，葱15克，姜20克

做法

① 将鱼肉洗净，切片；酸菜、葱洗净，切段；泡椒洗净；红椒洗净切块；姜洗净，切片。

② 锅中加油烧热，下入酸菜、泡椒、红椒、姜片炒香，再掺适量水煮开。

③ 下入鱼片，煮至熟，再调入盐、葱花即可。

宋嫂鱼羹

材料 鲈鱼600克，熟竹笋、水发香菇、蛋黄液各适量

调料 葱15克，料酒10克，酱油15克，醋15克，盐3克，味精2克，鸡汤250克，淀粉30克

做法

① 鲈鱼洗净，沿脊背剖开。

② 鲈鱼装盘，加入料酒、盐，蒸熟后取出，拨碎鱼肉，除去皮骨，将蒸汁倒回鱼肉中。锅中油烧热，加入鸡汤煮沸，调入料酒，放入竹笋、香菇，鱼肉连同原汁入锅。

③ 加入蛋黄液、其余调味料，煮熟起锅即可。

香菜鱼片汤

材料 鱼肉300克，香菜50克，蘑菇200克
调料 盐3克，胡椒粉3克，料酒5克，淀粉6克，香油少许
做法
①鱼肉洗净，切成片，用料酒、盐、淀粉抓匀，腌渍10分钟；香菜洗净；蘑菇洗净，撕成片。
②锅中倒入清水煮开后，倒入蘑菇，用大火煮开后，倒入鱼片，用勺摊匀，放入香菜，再次煮开。
③加入盐、胡椒粉调味，淋上香油出锅即可。

锅仔白萝卜鲫鱼

材料 鲫鱼350克，白萝卜100克
调料 盐4克，红椒20克，香菜20克
做法
①将鱼宰杀，去鳞、内脏，洗净；白萝卜洗净，切丝；红椒洗净，去籽切丝；香菜洗净，切段。
②锅中倒油烧热，放入鲫鱼煎至两面金黄。
③锅中加入适量清水煮沸，放入鲫鱼、白萝卜、红椒煮熟，调入盐，撒上香菜即可。

白萝卜丝煮鲫鱼

材料 鲫鱼400克，白萝卜100克
调料 盐4克，鸡精1克，葱5克，红椒2克
做法
①白萝卜洗净，去皮切丝；葱、红椒分别洗净切丝。
②鲫鱼宰杀洗净，下热油锅略煎，再加适量水煮开。
③最后下萝卜丝煮熟，加盐和鸡精调味，撒上葱丝和红椒丝即可出锅。
养生功效 益气补虚
适宜人群 尤其适合女性。

蘑菇鲈鱼

材料 鲈鱼500克，蘑菇200克，油菜100克，西红柿200克

调料 高汤250克，料酒、盐、味精各适量，胡椒粉2克

做法

① 鲈鱼剖肚去内脏，洗净，两面划刀；蘑菇、油菜洗净；西红柿洗净，切片。

② 锅中倒油烧热，放入鲈鱼煎至金黄色，倒入高汤，加入料酒烧沸，再加入蘑菇、油菜、西红柿煮至熟。

③ 最后加入盐、味精、胡椒粉调味即成。

美容西红柿鲈鱼

材料 鲈鱼400克，西红柿50克，金针菇100克

调料 盐3克，糖2克，葱少许

做法

① 鲈鱼洗净切片；西红柿洗净切块；金针菇洗净；葱洗净切碎。

② 锅中加油烧热，下入西红柿炒至成沙状，再加适量水烧开，然后下放鱼片和金针菇。

③ 煮熟后，下盐、糖调好味，撒上葱花即可出锅。

养生功效 补血养颜

东海银鱼羹

材料 银鱼300克，芹菜30克，香菇50克，鸡蛋50克

调料 盐4克，料酒15克，味精2克，胡椒粉5克，淀粉10克，红椒15克

做法

① 银鱼洗净沥干；芹菜、香菇、红椒洗净剁碎；鸡蛋取蛋清备用。

② 锅加水烧热到沸腾，倒入银鱼、芹菜、香菇、红椒。

③ 调入盐、味精、料酒、胡椒粉入味，用淀粉勾芡成羹状，把鸡蛋清打散倒入搅成花状即可。

雪里蕻炖带鱼

材料 雪里蕻200克，带鱼350克

调料 盐3克，味精2克，胡椒粉3克，香油5克

做法

① 雪里蕻择洗干净，切成小段；带鱼洗净，切成块。

② 锅中倒油烧热，下入带鱼块，煎至两面微黄捞出控油；锅留油烧热，加入雪里蕻、带鱼、清水烧开。

③ 加盐、味精、胡椒粉调味，炖至软烂，淋上香油出锅即可。

榨菜豆腐鱼尾汤

材料 草鱼尾300克，榨菜50克，豆腐2块

调料 熟花生油适量，盐、香油各5克

做法

① 榨菜洗净切薄片；豆腐用清水泡过倒掉水分，撒下少许盐稍腌后，每块分别切成四方块备用。

② 草鱼尾去鳞洗净，用炒锅烧热花生油，下鱼尾煎至两面微黄。

③ 锅中注入水煮滚，放入鱼尾、豆腐、榨菜，再煮沸约10分钟，以盐、香油调味即可。

海鲜酸辣汤

材料 豆腐100克，鸡蛋2个，虾仁100克，鲜鱿鱼100克

调料 盐4克，醋适量，糖3克，胡椒粉3克，味精1克，淀粉、香油各适量，香菜15克

做法

① 豆腐洗净，切块；鸡蛋洗净，打成蛋液；虾仁洗净；鲜鱿鱼洗净，切丁；香菜洗净，切段。

② 锅中烧热水，放入虾仁、鱿鱼汆烫片刻，捞起；另起锅，烧热水，放入蛋液以外所有原料。

③ 接着倒入水淀粉，待汤变稠后，倒入蛋液，再下入调味料，最后撒上香菜即可。

锅仔煮鱼杂

材料 鱼子100克，鱼鳔100克，鱼肠80克，水发木耳50克，胡萝卜100克，草菇100克

调料 盐3克，葱25克

做法

① 将鱼子、鱼鳔、鱼肠洗净；水发木耳洗净，撕小朵；胡萝卜洗净，切片；葱洗净，切段；草菇洗净，切块。

② 锅中烧热油，放入鱼子、鱼鳔、鱼肠稍煎片刻；小锅中烧沸适量清水。

③ 小锅中放入所有原料煮熟，调入盐，最后放入葱即可。

羊肉丸海鲜粉丝汤

材料 羊肉丸150克，粉丝200克，虾仁、蟹肉棒、平菇各50克，油豆腐10克

调料 盐3克，鸡精1克，香菜末5克

做法

① 羊肉丸、虾仁分别洗净；粉丝泡软后沥干；蟹肉棒去包装后切块；平菇洗净切片。

② 锅中倒入适量水烧开，下入羊肉丸和粉丝煮熟，继续倒入虾仁、蟹肉棒、平菇、油豆腐全部煮熟。

③ 下入盐和鸡精调味，出锅撒上香菜即可。

龙皇太子羹

材料 蟹肉棒200克，鸡蛋清300克

调料 葱20克，红椒20克，盐3克，鸡精2克，淀粉6克，高汤适量

做法

① 蟹肉棒洗净，剁碎；葱洗净，切碎；红椒去蒂、去籽，洗净，切小块。

② 锅倒入高汤烧沸，倒入蟹肉丁煮至熟，加入盐、鸡精调味后，倒入红椒继续煮至断生。

③ 用淀粉勾芡成羹状，再把鸡蛋清打散倒入搅成花状，撒上葱花搅匀即可。

扇贝芥菜汤

材料 芥菜300克，扇贝200克
调料 盐3克，鸡精1克

做法

① 芥菜洗净切段；扇贝吐沙后清洗干净。
② 锅中倒水加热，下入芥菜和扇贝煮熟。
③ 下入盐和鸡精调好味即可出锅。

养生功效 养心润肺
大厨献招 活扇贝放入淡盐水中浸泡约2小时，让其自然吐沙即可。

海皇干贝羹

材料 干香菇50克，干贝50克，鸡蛋3个，菜心梗50克
调料 盐3克，淀粉20克，醋适量

做法

① 将干香菇洗净，泡发，切丁；干贝泡发，洗净，撕成丝；鸡蛋洗净，取蛋清，打匀；菜心梗洗净，切丁。
② 锅至火上，倒入适量清水煮沸，放入蛋清以外所有原料，勾芡成羹状，再加入蛋清拌匀。
③ 最后下入盐、醋调味，即可。

蛤蜊汆水蛋

材料 蛤蜊350克，鸡蛋200克
调料 葱20克，姜10克，盐3克

做法

① 蛤蜊洗净；鸡蛋打散搅匀；姜洗净切片；葱洗净切花。
② 锅中加油烧热，下入姜片爆香，再下入蛤蜊炒至开口，加入适量水煮开。
③ 淋入鸡蛋液，煮至蛋液凝固，加盐调味，撒上葱花即可。

养生功效 养心润肺
适宜人群 尤其适合女性。

第五章
马上就能端上饭桌的
风味火锅

香辣开胃火锅

【涮菜顺序】

1. 排骨 250 克 2. 腊肉 250 克 3. 猪肠 200 克 4. 莴笋 150 克 5. 豆芽 150 克 6. 大白菜 100 克 7. 生菜 100 克 8. 菠菜 80 克 9. 粉丝 150 克

【基础锅底】红汤锅底

【特点】麻辣醇厚，香辣开胃，豆芽爽脆，风味独特。

【增鲜调味料】大蒜、沙姜、大葱、香菜

【主料】排骨

【菜品加工】

① 排骨洗净，切块，氽水备用。

② 腊肉洗净，切片。

③ 猪肠清洗干净，切段。

④ 莴笋去皮，洗净，切片。

⑤ 豆芽、大白菜、菠菜、生菜分别洗净备用。

⑥ 粉丝用清水泡发备用。

【火锅蘸料】

◎椒香味碟　◎陈醋　◎豆瓣酱　◎番茄酱
◎泡椒　◎生抽

⚠ 注意事项

1. 腊肉不宜长时间保存，否则会寄生一种肉毒杆菌，这种病菌的芽苞对高温高压和强酸的耐力很强，极易通过胃肠黏膜进入人体，仅数小时或一两天就会引起中毒。

2. 黄豆芽与绿豆芽均性寒，冬季烹调时最好放点生姜丝，以中和其寒性；慢性胃炎、慢性肠炎及脾胃虚寒者不宜多食。

3. 猪肠不宜与甘草同食。

土鸡火锅

【涮菜顺序】

1.鸡肉350克 2.莲藕200克 3.马铃薯250克 4.苦菊100克 5.豌豆苗150克 6.大白菜100克 7.小白菜80克 8.油麦菜80克

【基础锅底】红汤锅底

【特点】色红油亮，鸡肉细嫩，莲藕爽口，鲜香诱人。

【增鲜调味料】鸡精、大蒜、沙姜、大葱

【主料】鸡肉

【菜品加工】

① 鸡肉洗净，切块

② 莲藕去皮，洗净，切厚片。

③ 马铃薯去皮，洗净，切片。

④ 苦菊洗净备用。

⑤ 大白菜洗净，切大片。

⑥ 小白菜、油麦菜、豌豆苗择洗干净备用。

【火锅蘸料】

◎椒香味碟　◎干辣椒末　◎辣椒油　◎花椒油
◎海鲜酱　◎泡椒

注意事项

1.在鸡皮和鸡肉之间有一层薄膜，它在保持肉质水分的同时也防止了脂肪的外溢。因此，如有必要，应该在烹饪后才将鸡肉去皮，这样不仅可减少脂肪的摄入，还能保证鸡肉味道鲜美。

2.油麦菜涮的时间不能过长，断生即可，否则会影响脆嫩的口感和鲜艳的色泽。

3.为防止莲藕变成褐色，可把去皮后的莲藕放在加入适量醋的清水中浸泡。

魔芋鸭块火锅

【涮菜顺序】

1. 魔芋 250 克 2. 鸭肉 300 克 3. 鸭掌 250 克 4. 毛肚 200 克 5. 鹌鹑蛋 150 克 6. 黄豆芽 150 克 7. 马铃薯 100 克 8. 生菜 80 克 9. 油麦菜 80 克 10. 小白菜 80 克

【基础锅底】红汤锅底

【特点】咸鲜麻辣，汤香肉鲜，汁醇味厚，风味别致。

【增鲜调味料】大蒜、沙姜、大葱、香菜

【主料】魔芋、鸭肉

【菜品加工】

① 魔芋洗净，切块。

② 鸭肉洗净，切大块。

③ 鸭掌洗净备用。

④ 毛肚用盐水反复清洗干净，切片。

⑤ 鹌鹑蛋煮熟，剥壳。

⑥ 黄豆芽洗净备用。

⑦ 马铃薯洗净，去皮，切厚片。

⑧ 生菜、油麦菜、小白菜洗净备用。

【火锅蘸料】

◎ 青椒味碟　◎ 花生酱　◎ 生姜末　◎ 陈醋

◎ 海鲜酱　◎ 泡椒

! 注意事项

1. 优质的鹌鹑蛋色泽鲜艳、壳硬，蛋黄呈深黄色，蛋白黏稠。

2. 马铃薯含有一些有毒的生物碱，一定要通过高温烹调，才能分解有毒物质。

3. 发芽马铃薯的芽眼部分变紫也会使有毒物质积累，容易发生中毒事件，要避免食用。

鳝鱼火锅

【涮菜顺序】
1.鳝鱼350克 2.猪肝250克 3.大白菜150克 4.豌豆苗100克 5.芥蓝100克

【基础锅底】红汤锅底
【特点】麻辣味厚，鲜香味美，鳝段细嫩，风味独特。
【增鲜调味料】大葱、香菜、米酒、泡仔生姜
【主料】鳝鱼

【菜品加工】
① 鳝鱼宰杀，去内脏，洗净，切段。
② 猪肝洗净，斜切片。
③ 大白菜洗净，切大片。
④ 豌豆苗、芥蓝分别洗净备用。

【火锅蘸料】
◎椒香味碟 ◎干辣椒末 ◎辣椒油 ◎花椒油
◎海鲜酱 ◎泡椒

注意事项

1.猪肝常有一种特殊的异味，烹制前，首先要用水将肝血洗净，然后剥去薄皮，放入盘中，加入适量牛乳浸泡几分钟，猪肝异味即可清除。

2.鳝鱼不宜与狗肉、狗血、南瓜、菠菜、红枣同食。

3.鳝鱼最好是在宰后即刻烹煮食用，因为鳝鱼死后容易产生组胺，易引发中毒现象，不利于人体健康。

鸭血豆腐火锅

【涮菜顺序】

1. 鸭血 300 克 2. 牛肉丸 250 克 3. 玉兰片 150 克
4. 马铃薯 150 克 5. 西洋菜 100 克 6. 油菜 100 克
7. 蒜苗 80 克 8. 豆皮 50 克 9. 豆腐 150 克

【基础锅底】红汤锅底

【特点】汤色红亮，麻辣鲜香，美味可口，营养丰富。

【增鲜调味料】香菜、米酒、泡仔生姜、醪糟汁

【主料】鸭血、豆腐

【菜品加工】

① 鸭血煮熟，切块。

② 牛肉丸、玉兰片分别洗净备用。

③ 马铃薯去皮，洗净，切片。

④ 西洋菜、油菜分别洗净备用。

⑤ 豆皮洗净，切片。

⑥ 豆腐先用盐水浸泡，捞起切块。

⑦ 蒜苗洗净，切段。

【火锅蘸料】

◎香油芝麻味碟　◎葱花　◎生姜末　◎陈醋
◎海鲜酱　◎泡椒

！ 注意事项

1. 高胆固醇血症、肝病、高血压和冠心病患者应少食鸭血；平素脾阳不振、寒湿泻痢的人不宜食用鸭血。

2. 豆腐先用盐水焯一下，下锅时就不容易碎了。

3. 豆腐中含有丰富的蛋白质，一次食用过量不仅阻碍人体对铁的吸收，而且容易引起蛋白质消化不良，出现腹胀、腹泻等不适症状。

牛杂火锅

【涮菜顺序】

1. 牛肉 250 克 2. 牛腩 300 克 3. 毛肚 200 克 4. 口蘑 150 克 5. 冬瓜 100 克 6. 胡萝卜 100 克 7. 芹菜 20 克 8. 小白菜 80 克 9. 油菜 150 克 10. 莴笋叶 60 克

【基础锅底】红汤锅底

【特点】卤汁红亮，原料丰富，肉鲜味美，细嫩可口。

【增鲜调味料】香菜、米酒、泡仔生姜、醪糟汁

【主料】毛肚、牛肉、牛腩

🍴【菜品加工】

① 牛肉洗净，切大片。

② 牛腩洗净，余水，切块。

③ 毛肚清洗干净切片。

④ 口蘑洗净备用。

⑤ 冬瓜洗净，去皮，切片。

⑥ 胡萝卜去皮，洗净，切块。

⑦ 芹菜洗净，切段。

⑧ 小白菜、油菜、莴笋叶分别洗净备用。

🍲【火锅蘸料】

◎香油蒜泥味碟　◎辣椒油　◎花椒油

◎海鲜酱　◎生抽　◎甜面酱

❗ 注意事项

1. 感染性疾病、肝病、肾病患者应慎食牛肉；牛肉也不宜多食，否则会增加体内胆固醇和脂肪的积累量，对身体有害。

2. 口蘑应注意确保新鲜，食用前一定要多漂洗几遍，以去掉某些化学物质。

3. 胡萝卜虽是一种富营养的蔬菜，但不可多食，因为过量的胡萝卜素会影响卵巢的黄体素合成。

干香脆肚火锅

【涮菜顺序】

1.猪肚 150 克 2.芹菜段 100 克 3.白萝卜 100 克 4.大白菜 50 克 5.小白菜 80 克 6.香菜 40 克 7.生菜 80 克 8.莴笋 100 克

【基础锅底】红汤锅底

【特点】干香酥脆，鲜香麻辣，汁醇肉香，香气诱人。

【增鲜调味料】大葱、香菜、米酒、泡仔生姜

【主料】猪肚

【菜品加工】

1 猪肚洗净，切片。

2 芹菜洗净，切段。

3 白萝卜洗净，去皮，切厚片。

4 大白菜、香菜、小白菜、生菜分别择洗干净；莴笋洗净，去皮，切片。

【火锅蘸料】

◎椒香味碟　◎芥末酱　◎辣椒粉　◎辣椒酱
◎香菜末　◎葱花

注意事项

1. 洗猪肚时，可将毛肚用清水洗几次，然后放进沸水里，经常翻动，不等水开就把毛肚取出来，再把毛肚两面的污物除掉就行了。

2. 白萝卜性偏寒凉而利肠，脾虚泄泻者应慎食或少食；另外应注意白萝卜忌与人参、西洋参同食。

3. 芹菜性凉质滑，脾胃虚寒、大便溏薄者不宜多食，芹菜有降血压的作用，故血压偏低者也需慎用。

牛肉火锅

【涮菜顺序】

1. 牛肉 200 克 2. 鱼肉 100 克 3. 牛蹄筋 100 克 4. 金针菇 100 克 5. 胡萝卜 100 克 6. 牛肚 100 克 7. 榨菜 20 克 8. 泡菜 30 克 9. 西洋菜 200 克 10. 芥蓝 200 克

【基础锅底】 麻辣锅底

【特点】 开胃爽口，汤汁鲜美，味道醇厚。

【增鲜调味料】 桂皮、胡椒粉、蒜末、香菜

【主料】 牛肉

【菜品加工】

① 牛肉洗净，切片。

② 牛肚、牛蹄筋洗净，切片，汆水。

③ 鱼肉洗净，切薄片。

④ 胡萝卜洗净，切块。

⑤ 金针菇洗净去根部。

⑥ 泡菜、榨菜洗净，切片。

⑦ 西洋菜、芥蓝洗净，择好。

【火锅蘸料】

◎ 香油芝麻味碟 ◎ 花椒油 ◎ 海鲜酱 ◎ 泡椒 ◎ 生抽 ◎ 甜面酱

！注意事项

1. 煮牛肉时不要一直用旺火煮。因为肉块遇到高温，肌纤维会变硬，肉块就不易煮烂。

2. 吃牛肉不可食太多，一周吃一次即可；牛脂肪更应少食为妙，否则会增加体内胆固醇和脂肪的积累量。

3. 选购牛肉时，要选用胸口、腰板、前腱、尾根等部位，这些部位有筋，肥瘦相间。

167

火锅鸡

【涮菜顺序】

1. 鸡肉 400 克 2. 鸡胗 20 克 3. 鸡心 20 克 4. 鸡血 20 克 5. 鲜香菇 20 克 6. 金针菇 20 克 7. 莴笋 100 克 8. 莴笋叶 300 克

【基础锅底】 麻辣锅底

【特点】 肉质细嫩，滋味鲜美，清脆爽口。

【增鲜调味料】 香菜、丁香、小米椒、泡椒

【主料】 鸡

【菜品加工】

① 鸡宰杀洗净，去除内脏，斩块，汆水。

② 将宰杀的鸡内脏—鸡胗、鸡心切片，汆水。

③ 鸡血煮熟成块，切片。

④ 鲜香菇洗净切片，金针菇洗净去根部。

⑤ 莴笋去皮洗净，切成菱形。

⑥ 莴笋叶洗净，择好装篮。

【火锅蘸料】

◎青椒味碟　◎生姜末　◎陈醋　◎豆瓣酱
◎番茄酱　◎辣椒油

❗ 注意事项

1. 禁食多龄鸡头、鸡臀尖；鸡肉不要与大蒜、芝麻、芥末同食。

2. 贫血患者、老人、妇女和从事粉尘、纺织、环卫、采掘等工作的人尤其应该常吃鸡血；高胆固醇血症、肝病、高血压和冠心病患者应少食鸡血。

3. 鸡心内含污血，须漂洗后才能食用，但有消化系统疾病者勿食。

家常狗肉火锅

【涮菜顺序】

1.狗肉1000克 2.黑木耳100克 3.芥蓝100克 4.香菜80克 5.蒜苗80克 6.粉丝200克

【基础锅底】麻辣锅底

【特点】香味浓郁，味道醇厚，温肾壮阳。

【增鲜调味料】蒜末、香菜、丁香、泡椒、沙姜

【主料】狗肉

【菜品加工】

① 狗肉洗净，斩块，汆水。

② 黑木耳泡发，洗净，成片

③ 芥蓝、香菜洗净，择好。

④ 蒜苗洗净，切段。

⑤ 粉丝洗净，泡发至软，沥干水分。

【火锅蘸料】

◎香油蒜泥味碟　◎辣椒油　◎花椒油

◎海鲜酱　◎生抽　◎甜面酱

! 注意事项

1. 患咳嗽、感冒、发热、腹泻和阴虚火旺等非虚寒性疾病的人，脑血管病、心脏病、高血压病、脑卒中后遗症患者也不宜食用狗肉。此外，大病初愈的人也不宜食用狗肉。

2. 涮火锅时多种食物一起吃，难免造成一些食物搭配不当，一定要注意避免。比如，涮萝卜时就不要再吃木耳，二者一起食用可能导致皮炎。

猪蹄火锅

【涮菜顺序】
1. 猪蹄 500 克 2. 猪肠 100 克 3. 马铃薯 100 克 4. 西蓝花 100 克 5. 芥蓝 100 克 6. 豆腐 80 克

【基础锅底】麻辣锅底

【特点】味道醇厚，肉鲜汤浓，美容养颜。

【增鲜调味料】桂皮、胡椒粉、丁香、小米椒

【主料】猪蹄

【菜品加工】

① 猪蹄去毛，洗净，斩成块，放入料酒、盐氽水断生。

② 猪肠洗净，氽水断生，切成段。

③ 马铃薯洗净，切片。

④ 西蓝花洗净，切成瓣

⑤ 豆腐洗净，划厚片

⑥ 芥蓝洗净，择好，长度适中。

【火锅蘸料】
◎鸡蛋香油味碟　◎葱花　◎生姜末　◎陈醋
◎花椒油　◎海鲜酱

! 注意事项

1. 猪蹄清洗时，可用开水煮到皮发涨，然后取出用指钳将毛拔除，省力省时。

2. 因猪蹄油脂较多，动脉硬化及高血压患者少食为宜；如果有痰盛阻滞、食滞者也应慎吃。

3. 马铃薯含有一些有毒的生物碱，主要是茄碱和毛壳霉碱，但一般经过170℃的高温烹调，有毒物质就会分解。

猪肚火锅

【涮菜顺序】

1.猪肚 500 克 2.酸笋 100 克 3.鱼肉片 100 克 4.胡萝卜 100 克 5.西蓝花 100 克 6.油豆腐 80 克 7.生菜 80 克 8.大白菜 80 克

【基础锅底】麻辣锅底

【特点】味道鲜美，浓郁绵长，营养美味。

【增鲜调味料】草果、八角、小米椒、泡椒

【主料】猪肚

【菜品加工】

① 猪肚洗净，用料酒汆水，捞出切片。

② 酸笋洗净，切成片。

③ 鱼宰杀，去内脏，洗净，切成鱼片。

④ 胡萝卜洗净，切成菱形。

⑤ 西蓝花洗净，切瓣。

⑥ 油豆腐洗净。

⑦ 生菜、大白菜洗净，择好，长度适中。

【火锅蘸料】

◎香油芝麻味碟　◎芝麻酱　◎鲜辣酱

◎香菜末　◎葱花　◎豆瓣酱

❗注意事项

1.购买猪肚时，呈淡绿色，黏膜模糊，组织松弛、易破，有腐败恶臭气味的不要选购。

2.猪肚与莲子同食易中毒，猪内脏不适宜贮存，应随买随吃。

3.酸笋在泡制过程中不必加白酒，但是容器一定要事先用开水烫过，并反扣在太阳下暴晒杀菌，泡菜坛口水封严密，半月即可食用。

鲶鱼火锅

【涮菜顺序】

1.鲶鱼 500 克 2.酸菜 100 克 3.莲藕 100 克 4.海带 100 克 5.大白菜 80 克 6.小白菜 200 克 7.粉丝 80 克

【基础锅底】 麻辣锅底

【特点】 肉质细嫩，味道鲜美，开胃消食。

【增鲜调味料】 丁香、小米椒、八角、桂皮

【主料】 鲶鱼

【菜品加工】

❶鲶鱼宰杀，去除内脏，洗净，剖成两半，切成段。

❷酸菜洗净，沥干水分，切成段。

❸莲藕洗净，切片。

❹海带用水泡发后，洗净，切成长段，打成海带结。

❺大白菜、小白菜洗净，择好。

❻粉丝泡发，沥干水分。

【火锅蘸料】

◎小米椒味碟　◎鲜辣酱　◎花生酱　◎陈醋　◎豆瓣酱　◎花椒油

⚠ 注意事项

1.鲶鱼的卵最好丢掉，不要食用，误食会导致呕吐、腹痛、腹泻等。

2.鲶鱼体表黏液丰富，宰杀后放入沸水中烫一下，再用清水洗净，即可去掉黏液。

3.鲶鱼是发物，有疮疾、疮疡者要慎食，最好不吃。

豆皮火锅

【涮菜顺序】

1.豆皮200克 2.香菇100克 3.玉米100克 4.胡萝卜100克 5.西蓝花80克 6.大白菜80克 7.莴笋叶200克 8.粉丝80克

【基础锅底】麻辣锅底

【特点】新鲜香甜，香气沁人，汤浓汁厚。

【增鲜调味料】鸡蛋香油味碟、芥末酱、辣椒粉、辣椒酱、生姜末、陈醋

【主料】豆皮

【菜品加工】

① 豆皮洗净，切段。

② 香菇洗净，切片。

③ 玉米剥净，胡萝卜洗净，切段。

④ 西蓝花洗净，切瓣。

⑤ 大白菜、莴笋叶洗净，择好。

⑥ 粉丝泡发，沥干水分。

【火锅蘸料】

◎香油蒜泥味碟　◎芝麻酱　◎鲜辣酱

◎花生酱　◎香菜末　◎葱花

注意事项

1.香菇含有丰富的生物化学物质，与含有类胡萝卜素的西红柿同食，会破坏西红柿所含的类胡萝卜素，使营养价值降低。

2.煮玉米时，里面加适量盐，这样能强化玉米的口感，吃起来有丝丝甜味。

3.优质的西蓝花清新、坚实、紧密，外层叶子紧裹菜花，新鲜、饱满且呈绿色。反之劣质西蓝花块状花序松散，这是生长过于成熟的表现。

红薯粉火锅

【涮菜顺序】
1. 猪肘 300 克 2. 酸笋 100 克 3. 金针菇 100 克 4. 红薯粉 80 克 5. 油菜 200 克 6. 油麦菜 200 克 7. 小白菜 100 克 8. 粉丝 80 克 9. 香菜 20 克

【基础锅底】 麻辣锅底

【特点】 鲜滑爽口，清香扑鼻，营养丰富。

【增鲜调味料】 桂皮、丁香、小米椒

【主料】 红薯粉

【菜品加工】

① 猪肘用刀刮毛，洗净，斩块，氽水至熟。

② 酸笋洗净，切片。

③ 金针菇洗净，去根部。

④ 油菜、油麦菜、小白菜、香菜择得大小适中，洗净。

⑤ 红薯粉泡软，洗净，沥干。

⑥ 粉丝洗净。

【火锅蘸料】

◎香油蒜泥味碟　◎芥末酱　◎辣椒粉
◎辣椒酱　◎沙茶酱　◎芝麻酱

❗ 注意事项

1. 猪肘营养丰富，但湿热痰滞内蕴者慎吃，肥胖、血脂较高者不宜多食。

2. 未熟透的金针菇中含有秋水仙碱，人食用后容易因氧化而产生有毒的二秋水仙碱，它对胃肠黏膜和呼吸道黏膜有强烈的刺激作用。

3. 红薯粉在使用前，要提前用热水泡 40 分钟，至完全变软，沥干水分，再下入火锅较易煮入味并变得黏稠。

海带鸭火锅

【涮菜顺序】

1. 仔鸭 200 克 2. 鸭肠 100 克 3. 海带 80 克 4. 莲藕 80 克 5. 黑木耳 80 克 6. 大白菜 200 克 7. 油麦菜 120 克 8. 生菜 130 克 9. 西洋菜 50 克

【基础锅底】麻辣锅底

【特点】味道鲜美，不油不腻，瘦身养颜。

【增鲜调味料】胡椒粉、蒜末、香菜、丁香、小米椒

【主料】海带、仔鸭

【菜品加工】

❶ 仔鸭宰杀洗净，去除内脏，斩块，汆水。

❷ 鸭肠洗净，切段。

❸ 海带洗净，切段，打成结。

❹ 莲藕洗净，切片。

❺ 黑木耳洗净，温水泡发。

❻ 大白菜、油麦菜、生菜、西洋菜均择洗干净。

【火锅蘸料】

◎ 鸡蛋香油味碟　◎ 豆瓣酱　◎ 番茄酱

◎ 辣椒油　◎ 香菜末　◎ 葱花

❗ 注意事项

1. 鸭肉在煮之前先去掉鸭尾两侧的臊豆；在汆水时，放入少量料酒和醋，因为酒中含有一定量的酒精，随着加热鸭腥味与酒精会一起挥发掉。

2. 鲜鸭肠不宜长时间保鲜，家庭中如果暂时食用不完，可将剩余的鲜鸭肠收拾干净，放入清水锅内煮熟，取出用冷水过凉，再擦净表面水分，用保鲜袋包裹成小包装，直接冷藏保鲜。

猪心火锅

【涮菜顺序】

1. 猪心 300 克 2. 牛百叶 100 克 3. 鱼肉 100 克 4. 玉竹 100 克 5. 金针菇 100 克 6. 莴笋 30 克 7. 苦菊 120 克 8. 油菜 150 克 9. 油麦菜 150 克

【基础锅底】麻辣锅底

【特点】味美纯正，汤汁浓郁，色泽红润。

【增鲜调味料】蒜末、香菜、丁香、小米椒

【主料】猪心

【菜品加工】

① 猪心洗净，汆水，切成 2 厘米厚的薄片。

② 毛肚洗净，汆水，去异味，切成片。

③ 鱼肉洗净，切成薄片。

④ 玉竹洗净，切成片。

⑤ 金针菇洗净，去根部。

⑥ 莴笋洗净，削皮，切片。

⑦ 苦菊、油麦菜、油菜洗净，择好。

【火锅蘸料】

◎红油味碟　◎陈醋　◎豆瓣酱　◎番茄酱
◎花椒油　◎豆酱

⚠ 注意事项

1. 猪心通常有股异味，买回来猪心后，可立即在少量面粉中"滚"一下，放置 1 小时左右，然后再用清水洗净。

2. 玉竹痰湿气滞者禁服，脾虚便溏者慎服。

3. 莴笋不宜与蜂蜜同食。蜂蜜味甘、性平，莴笋是寒性食品，二者一起吃会造成脾胃呆滞，对身体不利。

酸菜牛肉火锅

【涮菜顺序】

1.牛肉200克 2.酸菜150克 3.马铃薯100克 4.洋葱80克 5.腐竹80克 6.金针菇80克 7.生菜80克 8.西洋菜80克 9.粉丝100克

【基础锅底】 酸汤锅底

【特点】 酸香味醇，清淡爽口，开胃消食。

【增鲜调味料】 香菜、泡仔生姜、大葱、郫县豆瓣

【主料】 牛肉

【菜品加工】

① 牛肉洗净，加料酒拌匀。

② 酸菜反复搓洗，让沙粒沉淀，洗净，切成小段。

③ 马铃薯去皮洗净，切薄片。

④ 洋葱洗净，切成片。

⑤ 腐竹浸泡发软，切成段。

⑥ 金针菇、生菜、西洋菜洗净，去蒂，择好。

⑦ 粉丝泡发，洗净，沥干。

【火锅蘸料】

◎鸡蛋香油味碟　◎豆瓣酱　◎番茄酱
◎辣椒油　◎香菜末　◎葱花

❗ 注意事项

1.挑选牛肉时，要看肉皮有无红点，无红点是好肉，有红点的牛肉是坏肉；新鲜牛肉有光泽，红色均匀，较次的牛肉，肉色稍暗。

2.酸菜只能偶尔食用，如果长期贪食，则可能引起泌尿系统结石。

3.洋葱辛温，胃火炽盛者不宜多吃，吃太多会使胃肠胀气。

酸汤腊肉火锅

【涮菜顺序】
1.腊肉 200 克 2.鸡肾 100 克 3.猪肉 100 克 4.魔芋 100 克 5.马铃薯 80 克 6.西红柿 80 克 7.黄豆芽 80 克 8.皇帝菜 120 克 9.莴笋叶 150 克 10.小白菜 120 克

【基础锅底】酸汤锅底

【特点】味道醇香，肥不腻口，色泽鲜艳。

【增鲜调味料】鸡精、香菜、泡仔生姜、大葱

【主料】腊肉

【菜品加工】
① 腊肉用温水洗净，切片。
② 鸡肾、猪肉洗净，切片。
③ 魔芋、马铃薯洗净，切小块。
④ 西红柿洗净，切成大片。
⑤ 黄豆芽、皇帝菜、莴笋叶、小白菜分别择好洗净。

【火锅蘸料】
◎ 香油蒜泥味碟　◎ 干辣椒末　◎ 芥末酱
◎ 辣椒粉　◎ 辣椒酱　◎ 沙茶酱

⚠ 注意事项

1.购买腊肉时，要选外表干爽、没有异味或酸味、肉色鲜明的；如果瘦肉部分呈现黑色，肥肉呈现深黄色，表示已经超过保质期，不宜购买。

2.鸡肾的营养物质大部分为蛋白质和脂肪，吃多了会导致身体肥胖。

3.生魔芋有毒，必须充分煮熟才可食用；消化不良的人，每次食量不宜过多。

酸萝卜鸭火锅

【涮菜顺序】

1.鸭肉200克 2.鱼丸100克 3.泡萝卜100克 4.草菇100克 5.金针菇100克 6.西洋菜100克

【基础锅底】酸汤锅底

【特点】酸甜开胃，色泽光亮，味道醇香。

【增鲜调味料】泡仔生姜、大葱、郫县豆瓣、沙姜

【主料】鸭肉

【菜品加工】

① 鸭肉洗净，加料酒、盐拌匀，氽水后捞出。

② 鱼丸洗净，控干水分后备用。

③ 泡萝卜从坛中取出，略洗后沥干水分。

④ 草菇剖开洗净；金针菇去根部洗净。

⑤ 西洋菜去除老根，择好，洗净。

【火锅蘸料】

◎ 香油蒜泥味碟　　◎ 干辣椒末　　◎ 陈醋

◎ 豆瓣酱　　◎ 香菜末　　◎ 葱花

! 注意事项

1.鸭肉忌与兔肉、杨梅、核桃、鳖、木耳、胡桃、大蒜、荞麦同食。

2.体虚胃寒者，因受凉而引起的不思饮食、胃部冷痛、腹泻清稀患者，腰痛及寒性痛经者，以及肥胖、动脉硬化、慢性肠炎患者应少食鸭肉。

3.腌泡萝卜要等到霜降以后，此时腌制出来的萝卜方无苦味，而且也不会糠心。

鲫鱼火锅

【涮菜顺序】
1.猪肉250克2.鲫鱼1条3.玉米300克4.莴笋150克
5.大白菜100克6.芥蓝100克7.生菜300克8.豆腐
300克9.粉丝320克

【基础锅底】 家常锅底
【特点】 汤汁纯净，鱼肉酥嫩。
【增鲜调味料】 米酒、大蒜、小茴香、白豆蔻
【主料】 鲫鱼

【菜品加工】

① 猪肉洗净，切薄片。
② 鲫鱼宰杀，去鱼鳞、内脏，冲洗干净。
③ 玉米去须，洗净，切段。
④ 莴笋摘去叶子，洗净，削皮，切长方形薄片。
⑤ 大白菜、芥蓝、生菜均择洗干净，装篮。
⑥ 粉丝用温水泡约30分钟至软，捞起沥干待用。

【火锅蘸料】
◎ 鸡蛋香油味碟　◎ 花生酱　◎ 葱花　◎ 陈醋
◎ 番茄酱　◎ 辣椒油

！注意事项

1.将鲫鱼去鳞剖腹洗净后，放入盆中倒一
些黄酒，就能除去鲫鱼的腥味，并能使鱼
肉滋味更加鲜美。

2.芥蓝不宜保存太久，建议购买新鲜的芥
蓝后应尽快食用。

3.不要食用过夜的熟生菜，以免亚硝酸盐
中毒。

4.吃豆腐后最好不要喝碳酸饮料。两者若
一起食用，将会降低人体对钙的吸收。

原汤羊肉火锅

【涮菜顺序】

1.羊肉300克2.马铃薯200克3.莲藕150克4.玉米300克5.西蓝花100克6.海带100克7.芹菜100克8.黑木耳60克9.大白菜300克10.莴笋叶300克11.豌豆苗60克

【基础锅底】家常锅底

【特点】味鲜怡人，汤香醇厚。

【增鲜调味料】香叶、排草、冰糖、小茴香

【主料】羊肉

【菜品加工】

① 羊肉洗净，氽去血水后切片，然后卷成卷。

② 马铃薯洗净去皮，切厚片。

③ 莲藕洗净，切去藕节，削皮后再次冲洗，切片。

④ 玉米洗净去须，切成若干段。

⑤ 西蓝花洗净，摘成小朵。

⑥ 海带洗净泡好，打结装盘。

⑦ 芹菜洗净，摘去叶子后切段。

⑧ 黑木耳洗净，泡发；豌豆苗、大白菜、莴笋叶均洗净备用。

【火锅蘸料】

◎青椒味碟　◎辣椒粉　◎辣椒酱　◎沙茶酱
◎生抽　◎豆酱

⚠ 注意事项

1.吃海带后不要马上喝茶，也不要立刻吃酸涩的水果。因为海带中含有丰富的铁，以上两种食物都会阻碍体内铁的吸收。

2.孕妇和乳母不要多吃海带。这是因为海带中的碘可随血液循环进入胎儿和婴儿体内，引起甲状腺功能障碍。

竹荪鸭肉火锅

【涮菜顺序】

1.鸭肉400克2.牛肉丸250克3.鱼丸200克4.玉米300克5.西蓝花100克6.竹荪适量7.豌豆苗100克8.小白菜300克9.大白菜150克10.莴笋叶100克

【基础锅底】家常锅底

【特点】汤鲜肉香，原汁原味。

【增鲜调味料】香叶、灵草、冰糖、米酒

【主料】竹荪、鸭肉

【菜品加工】

① 鸭肉洗净，氽水后斩块。

② 鱼丸、牛肉丸均洗净，控干水分后备用。

③ 玉米去须，洗净，切段。

④ 西蓝花洗净，摘成小朵。

⑤ 竹荪洗净，泡软后装盘备用。

⑥ 豌豆苗洗净，择好备用。

⑦ 小白菜、大白菜、莴笋叶均洗净，装篮。

【火锅蘸料】

◎鸡蛋香油味碟　◎鲜辣酱　◎花生酱　◎葱花　◎陈醋　◎番茄酱

！注意事项

1.鸭子的毛较难除去，宰杀之前喂一些酒，可使毛孔增大，便于去毛。

2.选购西蓝花要注意花球要大，紧实，色泽好，花茎脆嫩，以花芽尚未开放的为佳。

3.脾胃虚寒、大便溏薄者，不宜多食小白菜。

4.吃玉米后最好不要喝可乐。因为两者都富含磷，经常同食，会摄取过多的磷，而干扰体内钙的吸收。